# 落叶乔木

银杏

沙朴

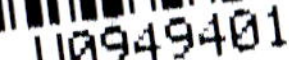

珊瑚朴

榔榆

杂交马褂木

鹅掌楸

▲垂丝海棠

▶白绢梅

◀白碧桃

▲日本早樱

▲日本晚樱

▲香花槐

◀重阳木

▲鸡爪槭

▲日本红枫

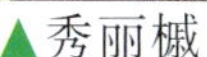

▲秀丽槭

▲七叶树

▲栾树

▲无患子

▲灯台树

▶黄连木

▲南酸枣

▲紫薇

▲蓝果树

▶毛红椿

## 常绿乔木

▲日本柳杉

▲福建柏

▲侧柏

▲罗汉松

▲竹柏

◀南方红豆杉

金叶含笑

乐昌含笑

乳源木莲

▲苦槠

▶栲树

◀香樟

▲浙江樟

▲刨花楠

▲石楠

▶倒卵叶石楠

▲桃叶石楠
▲红豆树（苗）
▲秃瓣杜英（花）
▲秃瓣杜英（果）

▲猴欢喜

▲木荷

▲厚皮香

▲厚皮香（果）

▲大叶冬青

►大叶冬青（果）

▲冬青

►红果冬青

▲长叶阿尔塔冬青

▶金叶冬青

▼秀丽四照花（果）

▶秀丽四照花

▲棱角山矾

▲交让木

▲朱砂丹桂

▶浙江腊梅

▲夏腊梅

◀溲疏

▲矮锦带花

▲山梅花

◀海仙花

▲木绣球

▶粉花绣线菊

◀棣棠

▲贴梗海棠

▲火棘（造型）

▲紫荆

◀倭海棠

# 常绿灌木

▲披针叶茴香

▲八角金盘

▶伞房决明

▲黄馨

▲大花六道木

# 藤本类植物

▲常春油麻藤

▲花叶络石

▲七姐妹

▼小叶扶芳藤

# 地被类植物

▲红花钓钟柳

▲银边麦冬

▶萱草

常绿萱草

多花筋骨草

花叶蔓长春花

# 水生植物

千屈菜

蕺菜

海寿花

雨久花

美人蕉

花叶美人蕉

▲黄菖蒲

▶花菖蒲

▼香蒲

▶荷花

◀荷花（明星）

▶荷花（明月秋菊）

▲睡莲

▲睡莲

▲埃及蓝睡莲

▶芡

▲莕菜

▶再力花

◀姜花

特色农业丛书

# 观赏绿化苗木生产实用技术

杭州市农业局 组编

浙江科学技术出版社

**图书在版编目(CIP)数据**

观赏绿化苗木生产实用技术/杭州市农业局组编.–杭州：浙江科学技术出版社，2006.1
(特色农业丛书)
ISBN 7-5341-2690-8

Ⅰ.观... Ⅱ.杭... Ⅲ.苗木–栽培 Ⅳ.S723

中国版本图书馆 CIP 数据核字（2005）第 071745 号

特色农业丛书
**观赏绿化苗木生产实用技术**
杭州市农业局 组编
*
浙江科学技术出版社出版
杭州之江印刷厂印刷
浙江省新华书店发行

开本 850×1168 1/32 彩插页 16 印张 7 字数 177 000
2006 年 1 月第 1 版 2006 年 1 月第 1 次印刷

ISBN 7-5341-2690-8

**定 价：18.00 元**

责任编辑：杨咏梅
封面设计：金 晖

# 《观赏绿化苗木生产实用技术》
# 编写人员


顾　　问：邵银泽　陈勤娟

主　　编：程春建

副 主 编：胡新光　徐培培　宣子灿　金文通

编写人员：（按姓氏笔画为序）

王洪瑛　孔令春　冯　莉　汤志明

孙晓萍　来志法　吴光洪　邱春英

沈伟东　沈伯春　林甲双　金文通

胡亚芬　胡绍庆　胡新光　俞宁之

宣子灿　钱　萍　徐培培　翁逸峰

黄美英　崔　寅　楼晓明

# 编者的话

杭州是观赏绿化苗木产业发展比较早的地区，拥有良好的自然地理和植物资源条件，农民创造、积累了丰富的育苗技术经验和市场营销优势，苗木产业已成为杭州的区域优势产业和农业增效、农民增收的重要项目。近年来，随着全国苗木生产的高速增长和城乡绿化美化对于生态功能和景观效果的要求不断提高，许多地区已开始出现了苗木生产的结构性过剩，苗木市场竞争日趋激烈。因此，加快实现产业的"转型升级"，优化品种结构，提高产品质量，注重苗木品种的新颖性、广适性、抗逆性和乡土化，拓展符合市场需求的大规格、全冠型、容器苗和整形苗木，是保持杭州观赏绿化苗木产业持续、健康发展的必然趋势。

为了尽快实现以上目标，我们特邀请杭州市林业、园文系统的科技人员与从事苗木生产的农业技术骨干共同编写了《观赏绿化苗木生产实用技术》一书。在讲求实用、实效的原则指导下，全书分为苗木生产通用技术、苗木种类介绍和附录三部分，既全面系统地总结了各类育苗技术，又从市场新需求的角度，介绍了包括乔木类树种、灌木类树种、藤本类植物、地被类植物和水生植物等相关品种，并以附录的形式推介了南方可育北方可栽树种、森林防火树种、抗污染树种和新优苗木品种。本书内容新颖丰富，文字浅显明白，适合苗木专业户阅读和用作规模苗圃、绿化企业的培训教材以及农民"绿色证书"培训的专业教材。希望本书的出版能为杭州农业的现代化建设作出新贡献。

杭州市农业局

2005年5月

# 目 录

## 下编　苗木种类介绍

# 上编　苗木生产通用技术

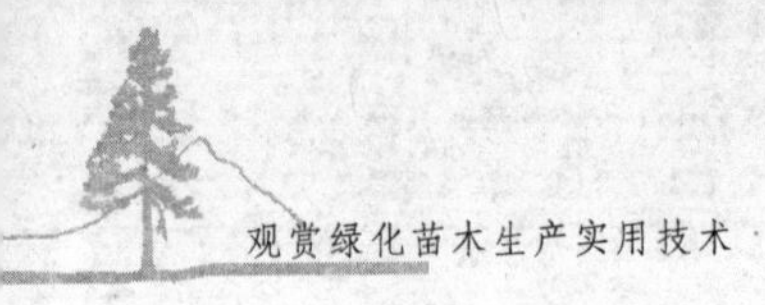


# 第一章 苗圃地的选择与建圃

苗圃是繁育苗木的圃地，园林苗圃是生产城市园林绿化所需苗木的基地。正确选择苗圃地，建立布局合理的现代化苗木生产基地，可以缩短育苗时间，降低育苗成本，培育出符合园林绿化需要的各类优质苗木。若苗圃地选择不当，不仅难以培育出优质苗木，甚至会给经营者造成不可挽回的损失，所以正确选择与科学规划苗圃地非常重要。

## 第一节 苗圃地的选择

应根据苗圃的生产目标与市场定位，着重从自然环境与经营条件两方面考虑，对用地面积和建圃位置进行认真而谨慎的考察、分析和选择。

### 一、地形与坡向

苗圃地应选择在地形不太复杂、地势相对平缓、坡度小于3°的开阔地带，坡度太大易造成水土与肥料流失，不利于植物生长。要求背风向阳，光照条件好，排水良好，切忌选建在低洼地，以免长期积水或雨季排水不畅，引起苗木烂根甚至死亡。坡向对苗木生长的影响很大，不同的坡向其光照、温度各有不同。一般宜选择向阳的南坡或东南坡，光照时间较长，温度较高，有利于苗木的生长。

### 二、土壤与酸碱度

最好选择土层深厚、有一定肥力的沙质壤土、壤土或轻壤土，这类土壤结构疏松，透水、通气性好，降雨时地面径流少，灌溉时渗水均匀，苗木起掘时能带有完整泥球，有利于提高苗木的成活率。沙土保水、保肥性差，黏土通透性差、易板结，都不利于苗木的生长，不宜作为苗圃地土壤。若苗圃地土壤选择不当，则必须改良土壤，要投入大量的人力、物力，改造成本高，故不可掉以轻心。土壤酸碱度对苗木生长的影响极大，不同苗木品种所要求的土壤酸碱度不同，比如适宜酸性土壤的苗木（如香樟）不能种植在碱性土壤上，否则会引起生理性黄化，使苗木生长衰弱，易落叶枯枝并逐渐死亡。因大多数园林观赏苗木适宜生长于微酸性土壤中，所以苗圃地土壤的酸碱度通常以中性、微酸性或微碱性为宜，一般 pH 值宜在 6.5~7.5 之间。

### 三、水源及排水

苗圃地最好选在水源附近，有江河、湖泊或水库等天然水源，无污染、水质好的地方，并可以采用筑塘引渠等方法引水灌溉。若离水源较远，应考虑是否可以采取挖深井等办法以解决灌溉问题。此外，还应考察地下水位状况，一般要求苗圃的地下水位在 1 米以下。如果地下水位过高，土壤透气性就差，根系生长不良；秋季苗木易徒长，冬季易受冻害；雨季时苗木根部长时间浸泡在水中，易引起烂根。

### 四、病虫害及环境

选苗圃地时应进行病虫害专项调查，了解当地和周边植物病虫害发生情况与感染程度，尤其应了解、掌握对苗木危害大的地下害虫（蛴螬、地老虎、蝼蛄、线虫等）和立枯病、猝倒病、根癌病等的发病情况，以便规避或作针对性防治。为确保苗木健康生长，还应考虑场址周围环境远离工业“三废”污染，有的苗木对空气中的氟、硫、灰尘等有害物质很敏感，易造成生长不良，甚至难以成活。

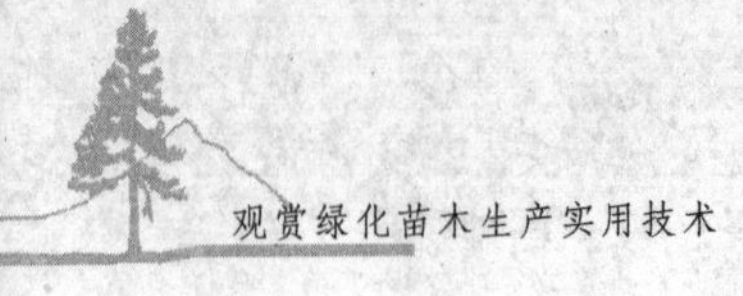


### 五、经营条件

苗圃地应选建在交通方便的公路、铁路、水路等运输线附近，便于出圃及生产资料的输入；要靠近城镇或村庄，以利于解决劳力来源、电力供应、机械及肥源等问题。良好的经营条件，可以提高经营管理水平。

## 第二节 苗圃地的规划设计

圃址选定后，即可根据苗圃面积、生产经营内容等进行全面合理的总体规划设计，然后予以分步建设实施。苗圃地一般分为生产用地和非生产用地。生产用地包括母本品种园、繁殖生产区、苗木培大区、大苗（大树）区、盆栽区等，非生产用地是指道路、给排水设施占地、生产及办公用房、防护林带等辅助性用地。

### 一、生产用地的规划

生产用地的规划主要包括以下各区域的规划。

母本品种园：是苗圃特色与苗木品质的基础。有种子、插条、接穗等母本品种园，可根据生产需要推算确定相关品种的母本数量与用地面积。

繁殖生产区：是繁殖小苗的生产区。要求土壤条件好，土地平整，有灌溉设施，可分为播种苗区、扦插苗区、嫁接苗区等。

苗木培大区：是苗木生产的重点区域。苗源一般来自繁殖生产区或外购的小苗，小苗在此区培育为可出圃用于绿化的大苗。要求设置在主干道附近，便于苗木装卸与运输。

大苗（大树）区：是为满足城市绿化需要生产大苗、特大苗的区域。有些苗木胸径达 30 厘米以上。要求设置在主干道附近，并有大吨位起重机的工作场地。

盆栽区：是培育花卉、观叶植物、盆景的生产区。一般要求土地平整，有花房或大棚等设施。

## 二、非生产用地的规划

非生产用地的规划主要包括道路、给排水系统、生产管理用房以及防护林带等，一般不超过苗圃总面积的20%。大、中型苗圃（面积100亩以上）的主干道宽为6米以上；小型苗圃的主干道宽为3~4米，支路宽为2~3米。为沟通作业区，常设置小路或步道，宽为0.5~1米。给排水系统由灌溉渠道和排水沟组成，有条件的大、中型苗圃可采用喷灌或滴灌设备，以便节约用地，省工节水，提高工作效率。生产管理用房等应设置合理，并以少占用土地、不占用好地、方便生产为基本原则。

（孙晓萍　杭州市绿化管理站高级工程师）

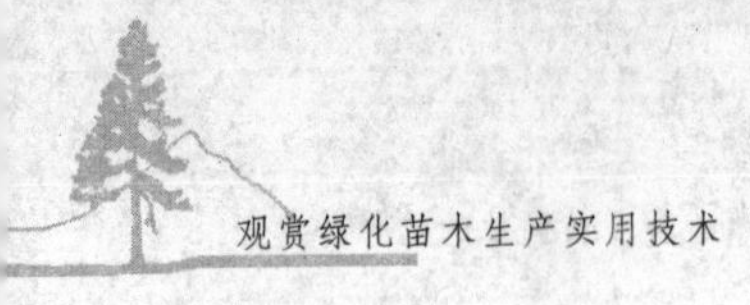


# 第二章 苗木繁殖技术

苗木繁殖可分为有性繁殖和无性繁殖两大类。目前，部分花卉苗木已采用组织培养技术进行繁殖，以生产脱病毒种苗，而容器育苗则在工厂化生产中日益得到推广应用。

## 第一节 有性繁殖

有性繁殖又称种子繁殖，即母本树通过开花结果产生种子，再经过播种得到新一代的个体。其优点是：繁殖量大，方法简便；生产的苗木根系完整，生长健壮，寿命长；种子易于保存和流通。其不足之处是：后代变异大，不利于保持父母本原有的优良性状。

### 一、留种母株的选择

留种母株的优劣直接影响到种子的质量和发芽率。因此，为采集到良种，必须选择优良留种母株。具体要求为：

(1) 选择壮龄母树，乔木树龄一般为15~45年，灌木树龄一般为5~15年。

(2) 母树树体健壮，其生长环境要求土层肥厚、水分充足、质地疏松、渗透性好。

(3) 母树结果性好，没有病虫危害。

### 二、种子的采收

树木种子的采收适期，要根据果实的开裂方式、种子成熟程度等而定。采种一般集中在秋、冬季节，但如八角金盘、腊梅等少数品种则在夏季采收。对于种子开裂型树种，如厚皮香、海桐等，采种时间宜选择在种子开裂前 2~3 天。而许多植物要根据种子的种皮颜色变化来确定采收时间，如香樟、杜英一般在种皮变黑时即可采收，珊瑚朴在种皮变黄褐色时采收，罗汉松种子则应在其种托变紫红色时才可采收等。常用园林苗木的采种期、储藏方式及播种时间参见表 2–1。

表 2–1　常用园林苗木的采种期、储藏方式及播种时间

| 序号 | 品　种 | 花　期 | 采种期 | 储藏方式 | 播种时间 |
|---|---|---|---|---|---|
| 1 | 金钱松 | 4 月中旬至 5 月上旬 | 10 月下旬至 11 月上旬 | 低温密封干藏 | 春　播 |
| 2 | 黑　松 | 4 月中旬至 5 月中旬 | 10 月中旬至 11 月中旬 | 低温密封干藏 | 春　播 |
| 3 | 雪　松 | 10 月下旬至 11 月上旬 | 翌年 9 月下旬至 10 月中旬 | 干　藏 | 春　播 |
| 4 | 罗汉松 | 4 月中旬至 5 月中旬 | 8 月下旬至 9 月中旬 | — | 随采随播 |
| 5 | 水　杉 | 3 月上旬至 3 月下旬 | 10 月中旬至 10 月下旬 | 低温密封干藏 | 春　播 |
| 6 | 池　杉 | 3 月中旬至 4 月上旬 | 10 月上旬至 10 月中旬 | 低温密封干藏 | 春　播 |
| 7 | 日本冷杉 | 3 月中旬至 4 月上旬 | 10 月上旬至 10 月中旬 | 低温密封干藏 | 春　播 |
| 8 | 银　杏 | 3 月下旬至 4 月上旬 | 9 月下旬至 10 月中旬 | 低温层积(或干藏) | 春　播 |
| 9 | 无患子 | 6 月上旬至 7 月上旬 | 9 月上旬至 10 月上旬 | 室温层积 | 春　播 |
| 10 | 栾　树 | 6 月上旬至 7 月上旬 | 9 月中旬至 10 月中旬 | 室温层积 | 秋播或春播 |
| 11 | 珊瑚朴 | 3 月上旬至 4 月中旬 | 10 月中旬至 11 月上旬 | 室温层积 | 春　播 |
| 12 | 沙　朴 | 4 月中旬至 5 月中旬 | 9 月下旬至 10 月中旬 | 室温层积 | 春　播 |
| 13 | 榉　树 | 3 月下旬至 4 月上旬 | 9 月中旬至 10 月上旬 | 低温层积 | 春　播 |
| 14 | 鹅掌楸 | 4 月下旬至 5 月下旬 | 10 月中旬至 10 月下旬 | 干　藏 | 春　播 |
| 15 | 乐昌含笑 | 3 月上旬至 4 月上旬 | 9 月下旬至 10 月上旬 | 室温层积 | 春　播 |
| 16 | 深山含笑 | 2 月下旬至 4 月上旬 | 10 月上旬至 10 月中旬 | 室温层积 | 春　播 |
| 17 | 山玉兰 | 3 月中旬至 4 月上旬 | 8 月下旬至 9 月中旬 | 室温层积 | 春　播 |
| 18 | 广玉兰 | 5 月中旬至 6 月下旬 | 9 月上旬至 10 月上旬 | 室温层积 | 春　播 |

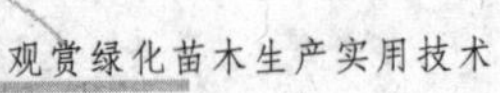


续表

| 序号 | 品　种 | 花　期 | 采种期 | 储藏方式 | 播种时间 |
|---|---|---|---|---|---|
| 19 | 醉香含笑 | 2月中旬至3月上旬 | 11月上旬至11月中旬 | 室温层积 | 春　播 |
| 20 | 阔瓣含笑 | 3月中旬至4月中旬 | 9月下旬至10月上旬 | 室温层积 | 春　播 |
| 21 | 乐东拟单性木兰 | 4月中旬至5月中旬 | 9月上旬至9月下旬 | 室温层积 | 春　播 |
| 22 | 金叶含笑 | 4月上旬至4月下旬 | 9月中旬至9月下旬 | 室温层积 | 春　播 |
| 23 | 含　笑 | 4月下旬至5月下旬 | 9月上旬至9月下旬 | 室温层积 | 春　播 |
| 24 | 二乔玉兰 | 3月上旬至4月上旬 | 8月下旬至9月中旬 | 室温层积 | 春　播 |
| 25 | 红花木莲 | 5月中旬至5月下旬 | 9月中旬至10月上旬 | 室温层积 | 春　播 |
| 26 | 乳源木莲 | 5月下旬至6月上旬 | 9月中旬至10月上旬 | 室温层积 | 春　播 |
| 27 | 浙江樟 | 4月中旬至5月中旬 | 10月中旬至11月上旬 | 室温层积 | 春　播 |
| 28 | 紫　楠 | 5月中旬至6月上旬 | 11月上旬至12月上旬 | 室温层积 | 春　播 |
| 29 | 红　楠 | 3月上旬至3月下旬 | 7月中旬至8月中旬 | — | 随采随播 |
| 30 | 杜　英 | 5月中旬至6月中旬 | 9月下旬至10月上旬 | 室温层积 | 春　播 |
| 31 | 香　樟 | 4月上旬至4月下旬 | 10月下旬至11月上旬 | 室温层积 | 春　播 |
| 32 | 七叶树 | 4月上旬至5月上旬 | 8月下旬至9月下旬 | — | 随采随播 |
| 33 | 枫　香 | 3月下旬至4月上旬 | 9月下旬至10月上旬 | 低温干藏 | 春　播 |
| 34 | 鸡爪槭 | 4月上旬至4月中旬 | 10月上旬至10月中旬 | 干　藏 | 春　播 |
| 35 | 红　枫 | 4月上旬至4月下旬 | 10月中旬至11月上旬 | 干　藏 | 春　播 |
| 36 | 秀丽槭 | 4月下旬至5月中旬 | 9月下旬至10月上旬 | 干　藏 | 春　播 |
| 37 | 樱木石楠 | 5月上旬至6月上旬 | 10月中旬至11月上旬 | 干　藏 | 春　播 |
| 38 | 火　棘 | 4月中旬至5月中旬 | 9月下旬至11月中旬 | 室温层积 | 春　播 |
| 39 | 女　贞 | 6月中旬至7月上旬 | 11月上旬至11月中旬 | 室温层积 | 秋　播 |
| 40 | 桂　花 | 9月下旬至10月中旬 | 4月上旬至5月上旬 | 室温层积 | 秋　播 |

续表

| 序号 | 品　种 | 花　期 | 采种期 | 储藏方式 | 播种时间 |
|---|---|---|---|---|---|
| 41 | 厚皮香 | 5月中旬至6月中旬 | 10月上旬至11月上旬 | 室温层积 | 秋播或春播 |
| 42 | 木　荷 | 4月中旬至5月中旬 | 10月下旬至11月中旬 | 低温干藏 | 春　播 |
| 43 | 腊　梅 | 11月下旬至翌年2月上旬 | 6月中旬至7月上旬 | — | 随采随播 |
| 44 | 伞房决明 | 8月上旬至10月上旬 | 11月下旬至12月中旬 | 干　藏 | 春　播 |
| 45 | 合　欢 | 6月上旬至7月中旬 | 10月中旬至10月下旬 | 室温层积 | 春　播 |
| 46 | 海　桐 | 5月中旬至6月上旬 | 9月中旬至10月上旬 | 室温层积 | 秋播或春播 |
| 47 | 阔叶十大功劳 | 11月中旬至12月下旬 | 4月下旬至5月上旬 | — | 随采随播 |
| 48 | 八角金盘 | 11月上旬至12月中旬 | 4月上旬至4月下旬 | — | 随采随播 |
| 49 | 南天竹 | 6月上旬至6月下旬 | 10月中旬至11月上旬 | 室温层积 | 秋播或春播 |
| 50 | 紫　薇 | 7月中旬至9月中旬 | 10月上旬至10月下旬 | 干　藏 | 春　播 |

## 三、种子的采后处理与储藏

种子采收后，要去杂、去壳和清除各种附着物。如鸡爪槭、红枫等树种的种子在采收后晒干即可，无需其他处理；如腊梅、厚皮香等树种的种子则必须经过太阳曝晒，在种皮晒裂后方可得到干净的种子；而如山玉兰、海桐等树种，因种子外包有蜡质层，采收后需用水浸泡数天使果皮或种皮腐烂，再冲洗干净，最后将种子晒干后储藏。

种子的储藏可采用干藏、沙藏或层积沙藏等方法，存放位置要求通风阴凉，并定期检查，以保证种子活力。有不少树种的种子含水量高，或种子休眠期长，必须采用沙藏或层积沙藏的方法，即将种子与 2~3 倍于种子体积的湿沙混拌均匀或分层堆积，埋藏于排水良好的地下或室内越冬，可以有效破除种子休眠，提高种子发芽率。

## 四、播种前的种子处理

1. 挑选良种

可采用直接观察法或沉浮法对种子加以筛选。

(1) 直接观察法：根据种子表皮颜色和光泽，判断种子的品质。如香樟种子乌黑亮泽，种子的胚、胚乳或子叶为白色、丰满并有樟脑气味的表明是优质种子；如果种子表皮变色，颜色发黄、发黑并发霉的则为劣质种子。一般来说，良种的胚、胚乳、子叶的颜色是白色或玉白色的，这是良种选择的一个主要环节。有的种子用手摇晃有响声，多为干燥或不饱满种子；有的种壳表面有小孔，多为害虫所蛀食；有的种子僵硬变小，则往往因受病害或发育不良造成，这些都不是良种，不能用以育苗。

(2) 沉浮法：根据种子在水中的沉浮程度确定其品质。一般下沉的多为饱满种子，而上浮的常为空壳、瘪粒或受病虫危害过的劣种。此外，生产上还常用风选或筛选的方法来剔除空瘪种子和杂质，选取饱满的良种。

2. 催芽

催芽的目的是使难以发芽甚至不能发芽的种子提高发芽率，使能够发芽的种子出苗迅速而整齐。因此，催芽在生产中是十分必要的。催芽的主要方法有：

(1) 浸种法：对香樟、女贞、雪松等种皮过厚的种子，可采用冷水或温水浸种，以促进种子发芽，缩短发芽周期。浸种时间视种皮厚度而定，一般为2~24小时。

(2) 淋种法：对槭树类、火棘、厚皮香等一些较小的种子，播前将种子放入箩筐或淘箩，用草包围合，上面盖一层厚草，每天用温水淋浇数次，可促使种子提前发芽。

(3) 破皮法：对毛桃、紫藤等果壳或种皮坚硬的种子，因其透气性较差，幼胚难以冲破种皮而发育，可采用剥壳或挫伤种皮的方法催芽。

此外，还可采用冷藏或低温层积处理、酸处理或碱处理等催芽方法。

## 五、播种地的选择和整地要求

播种地宜选择地势较为平坦、灌溉方便的地方，土壤疏松肥沃，均为排水良好的沙质壤土、壤土或轻黏质的土壤。避免在容易积水或干燥贫瘠、地下害虫比较严重的土地上播种。对于常用播种地，宜采用针叶树与阔叶树或绿肥交替轮作，以免感染立枯病。

播种地的整地可分为精细整地和一般整地两种。对于如火棘、厚皮香等细小种子的播种，应采用精细整地的方法。精细整地包括翻掘、敲碎土块、拣除石块和残根、耙平，然后拉线做畦，畦宽120~130 厘米，畦高约 20 厘来，起沟平畦，做到两耕两耙。精细整地的具体质量要求为：①整地深度 30 厘米以上；②地边角落整齐，苗床平整，畦边打实；③表土约 10 厘米深处设有 2 厘米以上的石块；④无明显的恶性杂草、残根。对于如七叶树、酸枣等种子较粗大的品种，可采用一般整地的方法。一般整地包括翻掘、敲碎土块、拣除石块和残根、耙平，然后拉线做畦，畦宽 150~170 厘米，畦高约 20 厘米，畦面平。一般整地的具体质量要求为：①整地深度 25~30 厘米；②地边角落整齐，苗床平整，畦边打实；③无明显大石块及恶性杂草、残根。

## 六、播种

1. 播种时间

根据树种的生物学特性、土壤和气候条件，在播种时间上可分为春播、秋播和随采随播 3 种。

春播：主要指 2~4 月的播种。因为如松柏类、香樟、杜英、柑橘类的种子发芽不明显，无论是秋季播种或春季播种，这些种子多集中于 3 月至 4 月上旬发芽出土，因此，一般宜选择在春季进行播种。

秋播：对于一些种皮坚硬不透水或者种子本身不易储藏、出土幼苗较耐寒的树种，可选择于 9~10 月进行秋播。

随采随播：对于那些夏季成熟的种子，由于气温高不利于种

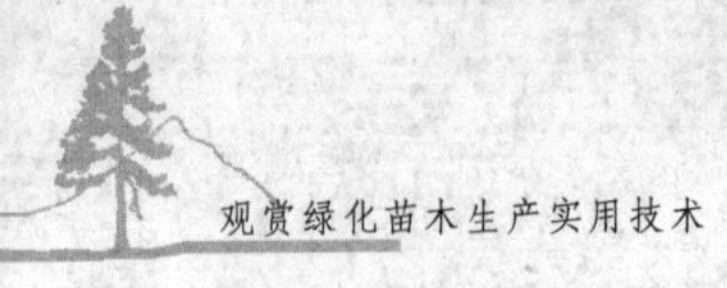



子储藏，一般选择随采随播。如红楠、豹皮樟、腊梅、七叶树、罗汉松等。

2. 播种方法

根据树种类型和种子大小，一般分条播、撒播和点播 3 种方式，其中以采用条播法居多。

条播：用于一般性的树种，在播种床上进行横条播。条播的优点是便于操作，节省人工，通风透光好，有利于出苗整齐。其具体质量要求为：①行距均匀；②播幅宽度不小于 10 厘米；③下种均匀，播种量适当。

撒播：用于大量且较粗放的树种，如马尾松、泡桐等，可将种子均匀地撒于播种床面，覆土即可。这种方法因育苗不便、通风差、不利于苗木生长而采用较少。其具体质量要求为：①下种均匀，播种量适当；②种子不露出土面，覆土厚度适当。

点播：也称穴播，是用于大粒种子或珍贵树种的一种播种方法。其具体质量要求为：①播种穴排列均匀，深浅适当；②种子平放，种脐向下。

3. 播种时的相关工作

主要做好种子运输、播种床做边打实、开沟、开穴、下种、覆盖焦泥灰或细土、床面覆草等工作。焦泥灰或细土的覆盖厚度一般为种子直径的 1~3 倍。苗床覆草的作用是保温、保湿，覆草后一般要用喷壶洒一遍水，以利于种子发芽出苗。同一块地如果播不同树种的种子，则应用空档和标签加以区分。

## 七、出苗后的管理

1. 揭除覆草

出苗后可逐渐揭除床面覆草，覆草不能一次除净，可先将草放于条播行间，以防春旱或冻害，待天气晴暖、气温稳定或树苗老健后彻底清除。揭草时注意不得损伤或压坏幼苗。

2. 间苗

在苗床清除覆草后即可进行间苗，将幼苗稠密处抽稀并补植到缺苗的地方。间苗工作十分重要，可促使幼苗分布均匀，发育正常。间苗要注意4个方面：①间苗要及时，一般于出苗1周后即可进行，以后每隔5~7天间苗一次。遇干旱或虫害时，可适当推迟。②宜选在阴天或雨后土壤较为疏松潮湿时进行，间苗后应喷一次水。③留壮去劣，疏密适宜，以幼苗苗冠恰好相互衔接遮住苗床为宜。④对一些不易采种、种源缺、价格高的种子，间下的苗都必须用来补苗或者分栽。

3. 培土

幼苗出土后由于雨水冲淋表土，会使根茎裸露，导致幼苗遭受旱害或土壤病菌危害，通过培土可加以避免。培土的材料可选用黄土或草木灰；培土时间宜选5~8月，分2~3次进行；培土厚度以1厘米左右为宜，要求覆盖均匀，不损害幼苗植株。

4. 中耕除草

苗床除草应以拔草为主，坚持“拔早、拔小、拔了”的原则，切忌播种地出现杂草丛生现象。拔草时不能松动苗木根系，对于拔除苗间大的杂草，可用手按住苗木根部，以免动摇苗根甚至把小苗带出而影响幼苗正常生长。

5. 肥水管理

幼苗出土后要加强肥水管理，从幼苗根系形成至冬季生长停止前半个月，均可施以追肥。追肥应视幼苗生长情况分次、分期进行。夏季高温干旱时宜在傍晚追肥，以浇施稀释的有机肥为好。要避免追肥太浓、太勤而烧伤苗木根系。

## 第二节 无性繁殖

无性繁殖是利用植物的根、茎、叶等营养器官，通过扦插、嫁接、分株、压条等方法，形成新植株的过程。无性繁殖的优点是：繁殖量大且快，并能保持母本的优良性状。

### 一、扦插繁殖

扦插又叫插条，即切取植物体上的根、茎（枝）、叶等的其中一部分作为插穗，插入沙质壤土或其他疏松透气的基质中，促使插穗的地下部萌发新根，地上部发芽、抽枝，从而形成独立的新植株。扦插是园林育苗中最常用、最普遍的繁殖方法。

扦插成活的原理是利用植物营养器官的再生能力和分生机能，使离开母株的插穗在适宜的条件下，长出大量的不定根，形成新的植株。不定根的形成需要插穗内的植物创伤激素和内源激素的共同作用，这些激素自上而下地向基部输送和积累，活化了形成层或愈伤组织，从而促使根原基的形成。根原基在适宜的光照、温度、湿度条件下产生不定根，最终形成完整的新个体。

1. 扦插的种类

一般分为枝插、芽插、叶插和根插，以枝插最为普遍。

(1) 枝插：分嫩枝扦插和硬枝扦插两种。

嫩枝扦插：又称生长期扦插。一般以常绿树种为主，利用当年生嫩枝或半木质化枝条作为插穗，插穗长度以2~3节为宜，带踵或齐节剪取，上部留两枚叶片，然后将插穗的1/3~1/2插入基质中。如桂花、含笑、茶梅、红花檵木、红叶石楠等均可采用此法。

硬枝扦插：又称休眠期扦插。一般以落叶树种为主，采用一、二年生的木质化枝条作为插穗，插穗长度以3~4节为宜，在早春2~3月进行扦插。

(2) 芽插：一般在扦插材料不够的情况下进行。可剪取枝条上较成熟部分的芽，带叶片，留一段长约2厘米的枝条作为插穗，将枝条和芽插入土中，叶片露出土面。有些树种如桂花也可采用1节半木质化嫩枝对劈进行单芽扦插。

(3) 叶插：在草本花卉中应用较多。如虎皮兰、芦荟、大岩桐、景天等，它们具有肥厚的叶片和叶柄，插入土中能在叶片切断处生根长芽，产生新植株。

(4) 根插：即用根作为插穗进行扦插。一般在早春选取幼龄树的粗壮根，剪成5~10厘米左右的根段，将其全部插入土中或顶梢露出土面即可。如泡桐、腊梅、海棠类均可进行根插。

2. 扦插时期

(1) 休眠期扦插：主要指一些落叶树种的硬枝扦插。最适合在秋、冬季（11 月）进入休眠以后，至春发之前（2~3 月）进行，可提高成活率。

（2）生长期扦插：在长江流域，一些常绿树种一般于 6 月开始嫩枝半木质化，此时扦插的效果最好。在温室等特定条件下，只要扦插材料合适，四季均可进行。

3. 扦插基质和插床准备

（1）扦插基质：俗称床土、扦插土。要求质地疏松，保水保温，排水通气，利于发根，同时还要求不带病虫源，取材方便，购买价格较便宜等，常采用河沙、黄土、蛭石、珍珠岩等材料。采用河沙时，以直径 1 毫米左右的河沙为最好；采用黄土时，可混合少量粗沙，宜扦插杜鹃、茶花等喜酸性植物；蛭石和珍珠岩可混合使用，质地轻，保水性、透气性适中，病虫危害少，已大量应用于苗木生产中。其他还用园土、泥炭、苔藓等作扦插基质。

（2）插床准备：一般分为普通露地插床和基质插床两种。

普通露地插床：应选择排水通畅的沙质壤土，掘土做畦，畦宽 1 米左右，精细整地，清除草根、石块，然后在畦面铺上约 5 厘米厚的扦插基质，做成中间略高、两侧稍低的微弓形。畦长宜东西走向，便于冬季搭棚保温或夏季架设遮阳棚。

基质插床：在地面或搭架苗床上覆盖 10 厘米左右的河沙、蛭石或珍珠岩等基质即可扦插，扦插苗直接在基质中生根发芽。

4. 插穗的选择和处理

（1）插穗的选择：对于硬枝插穗的选取，一般在冬季结合树木修剪时进行。将插条剪成 3~4 节长，上、下端分别剪成斜口与平口以不致异错极性，根据枝条的粗细和长短以每 50 根或 100 根捆成一束。如果品种多，每束挂上塑料卡片，写明品种名称，以免混杂。然后将其倒置储藏在细沙里，促成伤口愈合，有利于提高扦插成活率。另外，也可以在早春直接剪取芽眼饱满粗壮的枝条进行扦插。对于嫩枝或半木质化插穗的选取，以幼龄母株的阳面枝、侧枝、基部萌生枝为好，最好早晨剪取，保持枝条的潮湿，当天扦插，确保插穗的成活率。

（2）叶片处理：枝插的插穗必须将基部叶片剪去，保留上部部分叶片。留叶要适当，这样既有利于减少蒸发，又能制造养分，促进伤口愈合生根。一般以上部留两枚叶片者较多。对于大叶或复叶枝插，可将上部两叶各剪去一半，以节省空间，提高单位面积的繁殖数量，如桃叶珊瑚、绣球花等。而对于含笑、黄杨等有蜡质角膜层的，可以留3~4枚叶片，以利于增加受光面和生根。

(3) 促根处理：对于硬枝插穗，如红叶李、倭海棠等，可在冬季结合修剪将插穗剪好后作沙藏处理，以利于插后生根。对于不易生根的插穗，如山茶、桂花、雪松、槭类、火棘等，可采用植物生长激素进行处理，生长激素应用较多的有萘乙酸、吲哚乙酸、吲哚丁酸、生根粉等。先用乙醇（酒精）将激素溶解后再加水稀释至规定倍数，在高浓度（1000~10000毫克/升）情况下进行速蘸（10~30秒）后扦插；在低浓度（100~200毫克/升）情况下可浸渍数小时至一昼夜，然后晾干后扦插。

5. 扦插后的管理

(1) 遮阳：嫩枝扦插后，不可直接照射阳光，需用芦帘或遮阳网搭架遮阳，日盖夜揭。对喜阴类插穗需覆盖两层芦帘或用遮光度90%以上的遮阳网遮阳。

(2) 保湿：扦插完毕要搭设小弓棚，覆盖塑料薄膜以利保湿。日常喷水雾滴宜细，注意控制床土湿度，需经常保持插穗叶面潮湿，但又不能让床土太潮湿，否则容易使插穗腐烂。

(3) 通风换气：由于嫩枝扦插期正处于梅雨季节，插穗很容易滋生各种病菌。因此，要定时打开弓棚两端的塑料薄膜，进行通风换气。

(4) 根外施肥：插后两周可用0.1%尿素水喷雾根外追肥一次，愈伤组织形成后再施一次。施肥主要施在叶面上，不能让其大量流入床土。根外施肥有利于早发根，促进根系生长健壮。

(5) 预防病虫害：加强平时的养护管理，及时清除插穗枯死枝叶，保持插床整洁。插穗生根后每10天左右可用1000倍多菌灵药液喷洒叶面一次。若有病虫害发生，及时对症下药加以除治。由于插穗尚处幼苗期，因此农药配制的浓度宜稀不宜浓。

(6) 杂草防除：与种子繁殖苗的养护管理相同。

## 二、嫁接繁殖

嫁接繁殖是将植物的营养器官（枝或芽）移接到同科属的另一植物体上，产生新植株的一种繁殖方法。用于嫁接的枝条称接穗，所用的芽称接芽，被嫁接的植株称砧木，接活后的苗称为嫁接苗。嫁接成活的原理：主要在于植物再生能力最为旺盛的形成层，同一科属植物的生长特性相似，兼容性较好，当接穗和砧木各自削伤面的形成层相互密接后，双方均产生愈伤组织，再进一步分化出输导组织，并与砧木、接穗的输导组织接通，这样，植株所需的营养物质得以相互传导，从而产生新植株。

1. 嫁接的种类和适期

(1) 嫁接的种类：以接穗区分，可分为枝接和芽接，枝接又可分为硬枝接和嫩枝接。以砧木和接穗的切削和结合方法区分，可分为切接、劈接、靠接、芽接、腹接等。以嫁接的时期区分，可分为生长期嫁接和休眠期嫁接。

(2) 嫁接的适期：一般枝接可在春季芽萌动前2~3周，即3月上、中旬进行，而有些萌动较早的种类可在2月中旬进行；也可在10月中旬至12月初进行，嫁接后使接穗和砧木先愈合，到翌年接穗发芽抽枝。对于靠接和嫩枝接，宜选择在5~6月进行，此时的温度、湿度有利于形成层的分裂和愈伤组织的生长。芽接一般选择在7~8月进行，因为此时枝条的腋芽发育充实而饱满，且砧木树皮容易剥离，可促使相互间的愈合生长。

2. 砧木和接穗的选择

砧木要选择和接穗亲缘关系近、抗性强、生长健壮的种类。接穗应选择壮年、健康植株上芽眼饱满粗壮的枝条，取枝条的中部作为接穗。

3. 嫁接方法

(1) 切接：切接在枝接中具有代表性，是嫁接的基本技术。其具体操作为：选定砧木，在离地10厘米左右处平截去上部，在

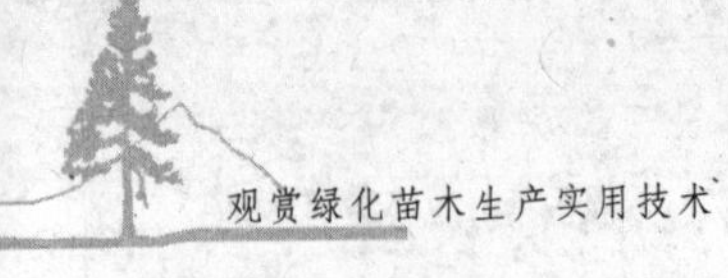



其一侧纵向切下约2厘米，稍带木质部，露出形成层；将接穗枝条的一端削成长2厘米左右的斜形，在其背侧末端斜削一刀，插入砧木，对准形成层，然后用薄塑料带进行绑缚，再用小塑料袋将接穗连同接口套入缚牢即可。

(2) 劈接：当砧木粗大而接穗细小时，采用劈接的方法。其具体操作为：先在砧木离地10~12厘米处截去上部，然后用嫁接刀在砧木横切面中央垂直切3厘米左右深；选取芽眼饱满粗壮的枝条，剪取接穗，以2~3芽为一穗；将接穗下端削成楔形，插入切好的砧木内，用薄塑料带扎紧，套袋即可。

(3) 靠接：靠接因效率不高，繁殖数量有限，主要用于珍贵而又难以接活的树种，如山茶、槭树类植物。其具体操作为：靠接前将选作接穗与砧木的两植株置于一处，分别选取可以靠近的两根粗细相当的枝条，在能够靠拢的部位，接穗与砧木各削去长约3~5厘米的一片，然后相靠；对准形成层，使其削面密切结合并扎紧。

(4) 芽接：多用“T”字形芽接。其具体操作为：将枝条中部饱满的侧芽剪去叶片，保存叶柄，削成盾形芽片；将砧木树皮切成“T”字形刀口，然后从切口处向两侧剥开，嵌入芽片，再用薄塑料带绑缚即可。碧桃、梅花、樱花等均可采用此法繁殖。

(5) 腹接：又称根际接，是一种不截砧木树冠的枝接法，用于如五针松、赤松等的嫁接。其具体操作为：先将接穗剪成5~8厘米长，如为松柏类则去掉下部2~3厘米长的针叶，然后斜削一刀，长2厘米左右，反面削成小斜面，削法与切接相同；选好砧木，经起掘修剪后，在根际茎干平直光滑处斜切一刀，深及木质部，以适合接穗插入为宜；将接穗插入砧木，对准形成层，迅速将结合部位用薄塑料带扎紧，套袋后重新种植。

4. 嫁接后的管理

(1) 成活检查：枝接在30天左右进行检查，接穗上的芽已经萌发或仍保持新鲜表明嫁接成活；芽接在15天左右检查，成活芽新鲜，芽下叶柄轻触即落，表明嫁接成活。

(2) 去袋松绑：当枝接接穗成活，芽长至4~5厘米时，将套袋上方剪一小口通气，让幼芽适应外界环境，3~5 天后拿掉袋子。枝接成活 1 个月左右，可视情况进行松绑。松绑操作简单，只需用刀片纵切割断绑扎物即可。芽接、腹接、靠接则不宜松绑过早，避免接穗从接口处碰落或被风吹裂。松绑以不影响砧木和接穗的生长分化、不形成缢痕为宜。

（3）断砧、抹芽和去蘖：对于芽接、靠接、腹接等当时不断砧的嫁接苗，当嫁接成活后要及时断砧，即剪去接口上部的砧木，以免影响接穗的生长。对各种嫁接成活苗，均要及时抹除砧木上经常长出的萌芽和根蘖，减少与接穗争夺养分，保证接穗的正常生长。抹芽、去蘖应从萌芽或蘖的基部剪除。

（4）补接：对于嫁接未成活的，要及时补接。如嫁接期已过，宜继续做好砧木的养护管理，第二年再作补接。

### 三、分株繁殖

分株繁殖是指在花卉植物的根茎处，将母株或母株周围的长根萌蘖枝分离成若干能独立生存的小株的一种繁殖方法。此法操作简便，成活率高，但繁殖数量有限，多应用于宿根类、块茎块根类、鳞茎球茎类花卉和木本植物的丛生状灌木，如南天竺、金钟等也常采用分株繁殖。

### 四、压条繁殖

压条繁殖是指将母株的枝条压入土中，并采用环剥、刻伤树皮或涂抹生根剂等处理，促使埋压部位发根，然后将发根的枝条断离母体，使其成为独立新植株的一种繁殖方法。此法容易发根成活，即使不发根，埋压的枝条仍然成活，对母株损伤不大，但繁殖数量有限，故生产中不常采用。压条繁殖的最适时期：落叶树为 3~4 月，常绿树为 6~7 月。

## 第三节　组织培养

组织培养是苗木花卉繁殖中一项先进的新技术，它利用植物

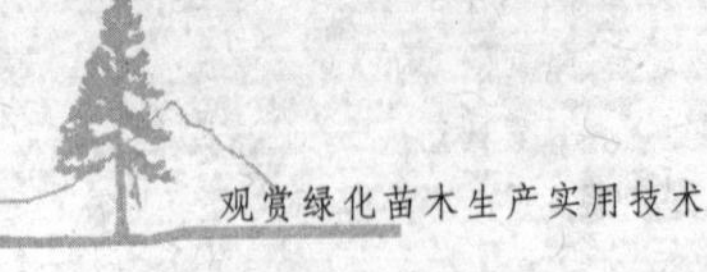



的细胞全能性原理，将茎尖、叶、根等离体植物组织经无菌培养、诱导分化再生成独立完整的植株。组织培养可以保持原品种的优良性状，获得无病毒苗（脱毒苗），极大地提高繁殖系数和繁殖速度，对于名、稀、优、新及常规技术难以繁殖的品种极有应用价值。该技术目前在观赏花卉繁殖中应用较多，而在木本植物方面应用较少。由于组织培养需要专用仪器设备和专业技术，普通苗圃一般无条件开展苗木的组织培养生产，但是，随着组织培养技术的发展，向科研单位购买新优组织培养脱毒种苗并应用于生产实践，将越来越受到普通苗圃的欢迎。本节仅对植物组织培养的工艺流程作一简略介绍。

### 一、外植体选备和灭菌

选取植物的茎尖、节间、叶、根、茎等器官组织用作组织培养的外植体，一般以分化活动旺盛的细胞组织培养成功率较高，如兰花用茎尖、球茎花卉用茎顶、鳞茎盘为好。取得组织培养材料后，需先清理削除多余部分，然后用水和洗涤剂清洗，再用10%漂白粉溶液浸泡 10 分钟左右进行灭菌，灭菌后用无菌水冲洗4~5 次，才能接种培养。

### 二、培养基的选择

培养基的种类很多，采用哪种培养基对于能否培养成功有很大关系。常用培养基有 MS、ER、$B_5$、SH、HE 等 5 种，其中以 MS 培养基最常用。MS 培养基所含的营养物质较丰富，内含较高的 $NO_3^-$、$K^+$、$NH_4^+$等离子浓度。ER 培养基与 MS 培养基的成分相似。$B_5$ 培养基在愈伤组织和悬浮培养方面应用较多，对有些植物较适合。SH 培养基与 $B_5$ 培养基较为接近。HE 培养基的矿物盐浓度稍低，应用范围不广。

### 三、培养条件

需设置接种室或超净工作台和培养室。一般设定 22~25℃的恒温条件，以利于植物细胞、组织的生长和分化。光照条件对器官形成有一定的影响，一般光照强度控制在1000~3000勒克斯，每天12~16小时，高于3000勒克斯时有较强的抑制作用，不宜采用。培养室内要求清洁卫生，防止污染。

### 四、接种

接种用的钳子、解剖刀、接种针等均需火焰消毒后使用。将消过毒的外植体置于培养皿或无菌水中，用解剖刀切去边缘，再切成小块（茎尖培养则剥至最内层2~5毫米长的茎尖组织为宜），将其接种在经灭菌消毒的培养基上，使组织块与培养基充分接合而不陷入培养基中，随即封好瓶口放入培养室培养。

### 五、培养路径

培养路径分两种：一是由外植体诱导出胚状物，再长成幼苗；二是先诱导形成愈伤组织，再由愈伤组织诱导出幼苗，最后转至生根培养基诱导长根。增殖、分化的不同培养阶段，均需配以不同配方的培养基来完成。

### 六、炼苗

组织培养幼苗发根展叶后，从无菌培养环境转至大田需要一个过渡性缓冲期，叫炼苗。炼苗在温室或大棚的苗床中进行，培养基质采用经消毒除菌、通气性好的蛭石、珍珠岩、泥炭等轻质材料。组织培养苗种植前要清洗干净，栽植后用喷壶喷水，置于苗床架上并适当遮阳。待幼苗挺直后（1周左右）可施以稀释营养液，以利于生长，2~4周后可按常规栽培进行管理。

## 第四节　容器育苗

容器育苗是在一定规格的容器中装入营养土进行育苗的方式。与传统田间育苗相比，其优点为：繁殖速度快，育苗周期短；节约成本，提高育苗设施利用率；运输方便，无需起苗与包装；移植不受季节影响，不缓苗，生长快；苗木规格均匀整齐，适宜机械化作业。自 20 世纪 90 年代以来，随着大棚、温室等设施栽培的普及提高，容器育苗因其干净卫生、出苗整齐、成活率高、适合工厂化生产而得到了较快发展，已成为一种新型、实用的育苗方式。容器育苗既可用于苗木的播种繁殖，也可用于扦插繁殖。

## 一、容器育苗的配套设施

1. 温室或大棚

容器育苗一般在温室或大棚内进行，可大大降低不利气候条件(如雨天、寒冷季节等) 对苗木繁殖的影响，做到周年育苗。

2. 育苗床架

育苗床架主要用于放置穴盘或其他种类的育苗容器。床架一般采用固定式单层钢结构，床面为网格钢丝材料，便于通风透气。床高 1~1.2 米，宽 1.1 米左右，使用时将标准穴盘排放整齐。冬季育苗可在床面铺设扣板，再在扣板上铺设一张具隔热保温功能的锡纸，嵌入温床自控电热线，以便加温保持合适的基质温度和棚温。

3. 微喷设施

宜在温室、大棚内安装固定式的自动弥雾式微喷系统，以保持小环境的空气湿度及幼苗所需的水分和养分。微喷系统及供水管道可按大棚的实际情况设计分布，一般每个单体大棚安装两条供水管道，喷头距地面高 2 米左右，喷头的喷距半径 1.5~2.5 米，运行过程可采用程序自动控制。

## 二、容器育苗的辅助材料

1. 育苗容器

育苗容器有单个容器与穴盘两种，制作材料以硬质或软质塑料居多，也有纸质、合成纤维、营养块（砖）等。单个容器常制成普通泥盆的形状，大小不一。穴盘一般为长方形，规格从 6 穴至 512 穴不等，应用较多的有 6 穴、12 穴、15 穴、35 穴、60 穴、150 穴等，深度 4~20 厘米；盘底有小孔，便于基质通气排水。容器深度对植株的生根、愈合十分重要。一般花灌木的播种、扦插

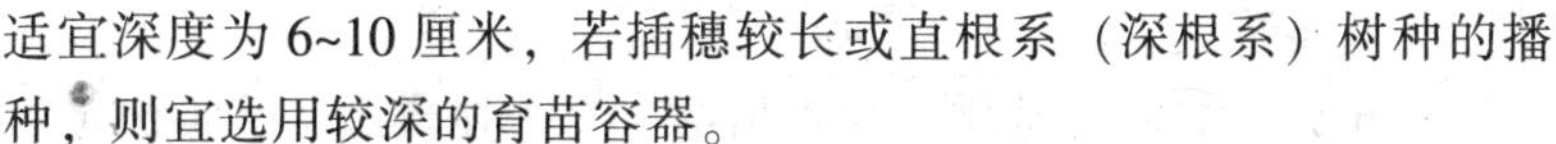

适宜深度为6~10厘米，若插穗较长或直根系（深根系）树种的播种，则宜选用较深的育苗容器。

2. 育苗基质

良好的基质是容器育苗成功的基础。一般来说，育苗基质应符合以下几个条件：质地疏松，利于通气排水；容重较小，便于搬运；无毒无菌等。常用的有珍珠岩、蛭石、泥炭和苔藓、浮石等材料，有些地方采用树皮粉或细碎核果壳（如山核桃壳）等作为基质，效果也不错。基质在使用过程中要注意添加氮素肥料。一般在生产上采用两种或两种以上的混合基质，主要类型有：①泥炭和蛭石。这是最常用的混合基质，通常泥炭、蛭石的比例为1:1或2:1。一般来说，蛭石的比例越高，则基质的通气排水性越好，但显松散，不利于保持根团完整性。因此，基质中蛭石含量以不超过泥炭为好。②泥炭和珍珠岩。泥炭、珍珠岩的比例通常为2:1，较适合播种育苗。对扦插育苗而言，比例调至1:2或1:4更适宜。③腐殖松树皮和珍珠岩。腐殖松树皮、珍珠岩的比例通常为4:1，适合容器扦插育苗。此外，对某些排水通气性要求高的树种，在扦插育苗时可选用单一基质，如珍珠岩、浮石、粗沙等，以利提高成活率。

育苗基质在使用前应测试pH值，使之与所繁殖树种要求的酸碱度相符。如需调低0.5~1度酸碱度，可在每立方米基质中加入硫酸亚铁0.9千克或硫黄粉0.15千克；如需调高0.5~1度酸碱度，可在每立方米基质中加入石灰粉1.5千克或生石灰0.6千克。

### 三、容器育苗的技术要点

#### （一）播种育苗

一般来说，采用容器播种育苗的树种种子往往比较珍贵，具有较高的生产价值，需要在育苗过程中精心管理。

1. 容器选择

根据种子大小和生长习性选择适宜规格的育苗容器。直根系树种宜选择深孔穴盘，须根系树种可选择适当浅些的穴盘。

2. 基质装盘

选择合适的混合基质，加水增湿，以手捏成团、挤不出水为宜。装料时应使每个穴盘的填充量均匀一致，并留有一定空间以便播种和覆盖，最后扫去盘面余料。

3. 播种

种子经检验和精选后，每穴播1~2粒，播后用蛭石覆盖，覆盖厚度为种子直径的1~3倍。反季节播种则应先将种子催芽至露白，并在播后适当控制温度和光照，以利幼苗出土。

4. 播后管理

(1) 水分管理：播种后将水浇透，此后根据基质干湿程度控制水分，出苗期应保持基质潮湿。浇水宜用细孔喷雾，或者使用喷灌和滴灌，以免水滴太大、太急冲溅基质，影响幼苗生长。

(2) 施肥：施肥是培育优质壮苗的重要措施。在子叶展开后即可喷施稀释的液肥，如磷酸二氢钾、尿素等。起初浓度越稀越好，随着苗龄的增大，液肥可适当加浓，但不宜超过0.05%。

(3) 病虫害防治：保持栽培环境通风透气，定期喷施多菌灵、托布津等杀菌农药，发现虫害及时防治。

(4) 移植：当幼苗长至6~10厘米高，出现4枚真叶后可换盆进行容器栽培或定植于苗床。

(二) 扦插育苗

1. 插穗的剪取

容器扦插的插穗比露地扦插要求更高，主要在于插穗不宜过长，一般根据不同品种剪成4~8厘米长，约1~2节。同时，插穗的切口一定要平滑，以利愈合生根。

2. 促根处理

插穗必须用生根剂进行促根处理，常选择高浓度溶液速蘸(10~30秒)，同时可将多菌灵等杀菌剂掺入生根剂中，以防细菌感染，提高扦插成活率。

3. 扦插

容器扦插不宜太深，一般2~3厘米，只要插穗能固定即可。

不论是穴盘还是其他容器，都要求插穗叶面互不重叠，以使插苗进行足够的光合作用。

4. 扦插后管理

（1）水分管理：常采用全自动间歇喷雾装置来控制水分，不同季节有不同的喷雾要求。如夏季叶面蒸发量大，喷雾间隔可适当缩短，春、秋季则可适当延长。对同一批次扦插来说，插穗愈合生根前的喷雾间隔应短一些，一般可待叶片水膜蒸发至半湿半干时开始喷雾；当插穗普遍长出新根后，可在叶面水分完全蒸发后稍待片刻再进行喷雾；当插穗的根系大量形成后，只需中午前后少量喷雾即可。

（2）施肥：在扦插苗愈伤组织形成后（一般约两周）进行根外追肥，可用尿素或磷酸二氢钾稀释液，浓度控制在0.1%以内。在根系大量形成后，可采用根部浇肥和根外施肥相结合的方式，使上、下同时吸收，插苗迅速生长。

（3）病虫害防治：扦插需要高温、高湿的环境，但这种环境有利于各种病虫危害。因此，扦插后要加强病虫预防工作。一般每隔5~10天需喷施一次800倍多菌灵或甲基托布津药液。一旦发生病虫危害，应对症下药加以除治。

（4）移植：当扦插苗开始萌发新芽，插穗基部形成明显根团时，即可将扦插苗移植到栽培容器或经精细整地后的苗床中，经过两周左右的精心管理后，转入常规管理。

（金文通　杭州花圃高级工程师
王洪瑛　杭州园林苗圃工程师）

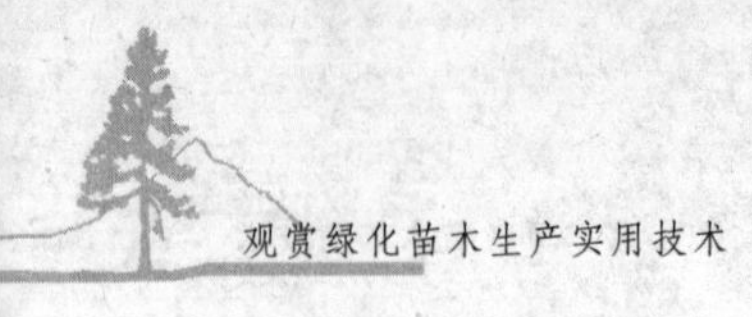


# 第三章　苗圃周年管理

## 第一节　整形修剪技术

苗木的整形修剪是苗木培育过程中必需的一项重要技术措施。其目的是通过剪截、删除等修剪技法，将苗木整形为符合品种生理特性与市场需要的树形。整形修剪可以有效调整植株长势，防止徒长，促使达到出圃目标高度和粗度，提高移植成活率，还可以改善通风透光条件，减少病虫害的发生。

### 一、整形修剪的基本原则

苗木的整形修剪要充分根据植物自身的生长特点和立地环境条件，按照美学原理，使植株的光能利用和树体养分的分配与积累达到最佳程度，保持生长发育的整体平衡，使树体骨架层次分明，枝条分布合理，树姿形态优美。

### 二、整形修剪的适期与主要技法

1. 整形修剪的适期

整形修剪一般可分为冬季修剪和夏季修剪两种。

(1) 冬季修剪：又叫休眠期修剪，是苗木整形修剪的主要时期，一般于 11 月至翌年 2 月之间进行。不同树种的具体作业时间有所不同，落叶树宜早剪，常绿树宜迟剪，耐寒力差的树种最好在早春修剪，以免伤口受风寒之害。冬季修剪有利于生长初期剪口的愈合生长，同时对于树冠的形成、枝梢的生长及花果枝的形成等具有很大影响。

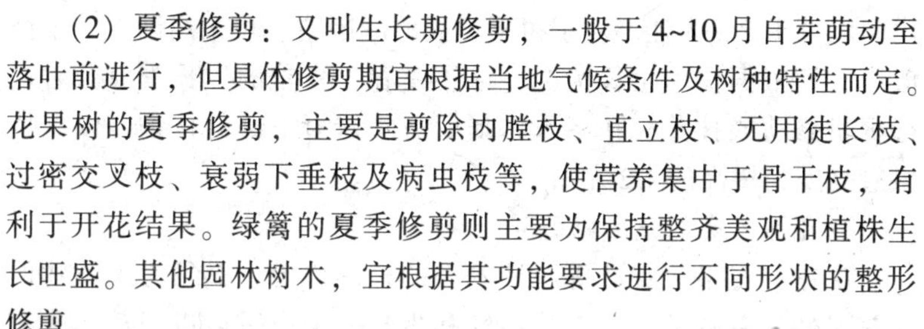

(2) 夏季修剪：又叫生长期修剪，一般于4~10月自芽萌动至落叶前进行，但具体修剪期宜根据当地气候条件及树种特性而定。花果树的夏季修剪，主要是剪除内膛枝、直立枝、无用徒长枝、过密交叉枝、衰弱下垂枝及病虫枝等，使营养集中于骨干枝，有利于开花结果。绿篱的夏季修剪则主要为保持整齐美观和植株生长旺盛。其他园林树木，宜根据其功能要求进行不同形状的整形修剪。

2. 整形修剪的主要技法

苗木修剪常采用的作业技法主要有疏删、短截和缩剪、摘心除芽、剪梢、刻伤、除萌等辅助性方法。其中大量的整形、截干、缩剪等作业多属冬季修剪项目，而抹芽、摘心、去蘖、疏枝、调整主枝角度等多在夏季修剪时进行。

## 三、几类园林植物的整形修剪技术

1. 乔木类的整形修剪

(1) 行道树：行道树种可分为两类。一类是具有中央领导干（主干）的树形，如银杏、广玉兰、金钱松等；一类是自然式树形，如香樟、悬铃木等。行道树的修剪首先要控制分枝点的高度，对于车行道一侧的分枝点要高于3.5米，人行道一侧可根据树形适当降低分枝点，同时要保留3个以上的主枝或三级侧枝。修剪的主要内容为：修除病虫枝、枯萎枝、畸形枝、内向枝、交叉枝、重叠枝、纤弱枝以及消耗养分较多的嫩枝和徒长枝。特别要注意的是：如香樟、广玉兰等常绿阔叶树不得任意锯去主枝，以保持树冠完整。修剪树枝的基部，切口必须倾斜平滑，防止树皮撕裂。此外，行道树的修剪宜从树冠下部开始逐步向上，以利整理树形。

(2) 庭园树：一般以自然式树形为宜，于休眠期将过密枝、伤残枝、枯死枝、病虫枝及扰乱树形的枝条疏除，也可根据配置需要进行特殊造型修剪。庭园树的树冠应尽可能留大些，不仅具有观赏作用，而且还发挥其遮阳等保护作用，一般树冠与树高的

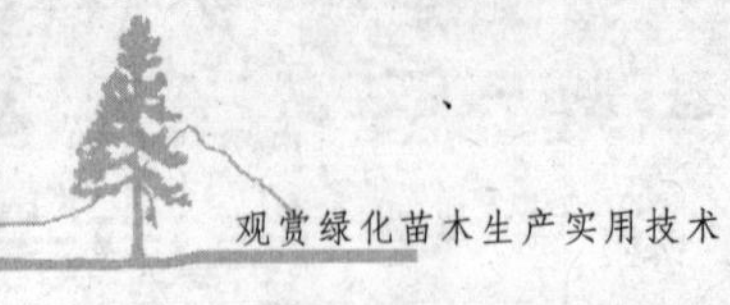


比例以大于2:3为佳。对于树干挺拔的庭园树，可采用渐次养干修剪法。即根据树木生长情况，逐年在春、夏季的生长季节及时进行少量修剪或抹芽，在冬季休眠后剪除树冠下部的枝条，以保持树冠高度为树高的1/2左右。

2. 花灌木类的整形修剪

观花、观果、观叶等花灌木类的整形修剪，必须考虑植物的开花习性、着花部位、花芽特性和生长态势，一般以短截、疏删为主。对于具有顶生花芽的苗木，如山茶、杜鹃等，在休眠期修剪时绝不能短截着生花芽的枝条，以免影响春季开花；而对于具有腋生花芽的苗木，如腊梅、迎春等，在休眠期修剪时则可适当短截徒长枝，以保持树冠和形态的整体协调；对于观果类苗木，则在修剪时应注意及时疏除过密枝，改善枝叶的通风透光，以促进果实着色，提高观赏效果。

生产中也有一些将花灌木修剪整形成单干小乔木状，以提高其观赏价值，如桂花、含笑等。一般可在春季萌发前，留养一个主枝，将其余丛生枝条全部剪除，以后将萌发出的任何丛生枝条和侧枝也不断去除，仅保留该主枝的一、二级分枝，经过几年的培育，即可育成小乔木，成为新型的植物配置材料。

3. 绿篱的整形修剪

绿篱的整形修剪方式有两大类，即自然式和规则式。自然式绿篱一般不需作专门的整形，绿篱高度可根据生长的实际情况与园林布置的需要确定。在未到达所需篱高时，应尽量少修剪，最多只短截生长过快的枝条，保持植株同步生长。规则式绿篱则需要经常修剪，除冬、春休眠和萌发初期必须整形外，其他季节也都应平剪，每季各剪1~2次。秋后如温度适宜，绿篱生长较快时，还可再剪1次，以轻剪为宜，控制绿篱的生长量。

绿篱最易发生下部干枯空裸现象，因此修剪时其侧断面以呈微梯形最好，可使下部枝叶受到一定的光照而生长较茂密。反之如断面呈倒梯形，则绿篱下部易迅速干枯，不能长久保持良好的形状。

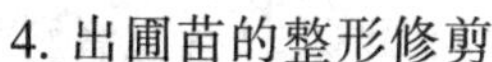

4. 出圃苗的整形修剪

出圃苗的规格大小、树形好坏直接关系着绿化效果和出售价格，其中树形主要通过修剪才能取得。因此在实际应用中，必须把好修剪关，具体要求为：不得损坏乔木、灌木的特有形态，修剪量宜根据不同树种和根群发育疏密程度而定，以轻度修剪（剪去 1/3 枝叶）为主，中度修剪（剪去 1/2 枝叶）为辅。

一般来说，野生和野生化的木本植物根系生长较疏，修剪量宜掌握在 1/2 左右；木本植物的栽培根群生长较密，修剪量宜掌握在 1/3 左右；根系生长十分繁密的植物还可不予修剪。对于常绿植物在生长期移植时，则应剪去部分嫩枝和树叶，以防叶面蒸发过大，影响成活和观赏。

## 第二节　施肥技术

苗木的施肥与农作物一样，可分为基肥和追肥。基肥常采用厩肥、堆肥、饼肥及专用有机肥，其用量依土质、土壤肥力、苗木种类与育苗期长短而定，一般结合苗圃整地撒施翻入耕作层。基肥在施用前必须充分腐熟，瘠薄的沙质土宜予多施。追肥是为满足苗木不同生长阶段的需要而采取的补充性施肥，常用的有各种化肥、人粪尿、饼肥水等。一般于生长旺期或初花期浇施或叶面施肥，化肥浓度不得高于 1%~3%，用于叶面喷施的化肥浓度则更小，一般为 0.1%~0.5%。

### 一、施肥的一般原则

（1）基肥与追肥配合使用：有机肥多为全效肥，肥效慢而长，可改善土壤结构，宜施作基肥；追肥多用无机肥，不仅起效快，清洁卫生，且元素选择性大。基肥和追肥配合使用，既能保持土壤良好的理化性能，又能发挥最大的肥料效应。

（2）氮、磷、钾配合使用：花卉苗木的营养生长期需较多氮肥，而生殖生长期需较多磷肥。但这只是量的差别，其实在苗木的整个生长发育过程中，氮、磷、钾缺一不可。只有三者科学配比使用，才能使苗木生长发育健壮。

(3) 施肥要适时：所谓“适时”，就是既考虑植物生长的阶段性，又考虑一年中的季节变化。园艺界流行“春氮秋磷”的说法，即春季施用以氮为主的肥料，促进枝叶生长；秋季施用以磷为主的肥料，促使花芽分化与膨大。在梅雨季节和盛夏时，应减少施肥，以防根部霉烂；初冬前施以较多的钾肥，提高植物抗寒能力；冬季进入休眠期前一个月，宜停止施肥。

(4) 施肥要适量：给植物施肥，宜少量多次，薄肥勤施，每次施肥后观察植株长势，隔 10~15 天再施，直到长势正常不缺肥时停施。一些耐肥力差、长势弱的苗木，尤其应施薄肥，千万不能急于求成而施浓肥、重肥，否则极易造成肥害。

(5) 施肥要适应品种特性：由于各类植物的生物学特性不同(有的喜肥、有的不喜肥)，又由于栽培目的不同（观叶、观花、观果）和园艺品种的变化，使得对肥料的成分和用量要求千差万别。因此，要根据植物品种特性和栽培目标，具体灵活地掌握施肥技术，切忌一刀切。

## 二、分类施肥技术

### 1. 地栽苗木的施肥

露地种植的苗木虽然可部分吸收土壤中的天然养分，其生长空间也比盆栽苗的大，但要促使苗木较快生长，仍需施以充足的肥料。

(1) 基肥：对于培大苗施用基肥，一般于定植前将基肥直接撒入苗床，均匀翻耕到表土层下。可选用腐熟的豆饼、菜子饼、畜禽类粪肥、草木灰等有机肥，每亩施用量为 200~500 千克，同时掺施 50~100 千克的过磷酸钙等缓释性肥料作基肥。由于追施速效性磷、钾肥易被土壤固定在表土或被地表径流冲刷而影响肥效，因此大多数磷、钾肥宜用作基肥施入土层中。株行距较大的培大苗，如乔木树种，可将基肥均匀撒施在种植穴内，一般每穴施

100~500 克，然后覆土 10~20 厘米，再放入苗木种植，这种施肥方式有利于苗木根系的集中吸收。对于一般性的基肥施用，可于 11 月至翌年 2 月进行，结合冬耕翻入苗木根际周围，供下一生长季节吸收利用。

（2）追肥：追肥一般每年施用 2~3 次。施用方法主要有：①撒施：把肥料均匀撒在苗床上，浅耙 1~2 次，使肥料进入表土层。②条施：于苗木的行或列间开浅沟，肥料施入后覆土。③浇灌：将肥料溶于水，浇施在床面或苗木根系周围，使养分快速到达根部。④根外追肥：将可溶性速效肥料溶解后喷施于叶面，以供迅速吸收。一般总浓度不宜超过 0.5%，氮肥如尿素的浓度应控制在 0.2%以内，微量元素浓度宜控制在 0.1%以内。

2. 容器苗的施肥

容器苗一般只能依靠人工施肥来补充养分，而且由于根系生长空间有限和经常性的浇水淋溶，养分很容易流失。因此，施肥对于容器苗的生长相当重要。生产中常采用两种施肥方法：

（1）基质拌肥：以缓释性有机肥、无机肥为主，如腐熟的饼肥、堆肥、骨粉及过磷酸钙、氯化钾等。操作时可选择 2~3 种肥料配比拌入培养土或人工基质中，经堆制后再上盆。这种方式效果好，肥效长，一般可维持半年左右。

（2）追肥：可分两种方法：一种是将缓释性颗粒复合肥施在容器基质表面，通过浇水使养分慢慢溶解渗入供植株吸收，但这种方法肥料利用率较低；另一种是将水溶性液肥，如腐熟的豆饼水，矾肥水，氮、磷、钾化肥水等，以滴灌、喷灌等形式施入或人工浇水施入，这种方法省工且施肥均匀。

3. 球宿根花卉的施肥

由于球宿根花卉的肉质球茎、块茎、鳞茎及块根容易腐烂而导致植株死亡，因此施肥必须十分注意。种植前可适当施用基肥，但应充分腐熟并深翻入土。追肥一般每年进行两次，花前、花后各一次。由于磷肥对块茎、块根的膨大和开花甚为重要，可适当多施；但氮肥不宜多施，钾肥量中等。

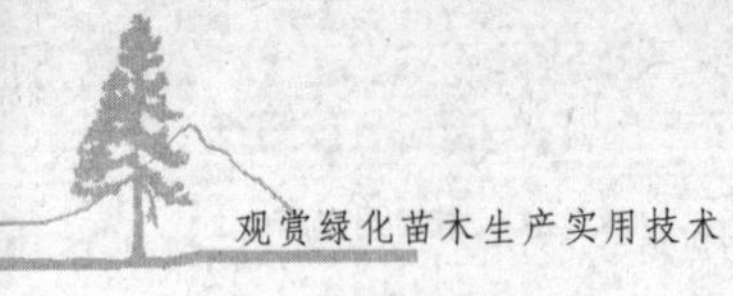



4. 草坪的施肥

(1) 基肥：在草坪建植前施用。均匀撒施鸡粪、豆饼等有机肥或颗粒复合肥并浅翻入土。有机肥施用量为每平方米100~500克；复合肥用量可据土壤肥沃度而定，一般为每平方米10~30克。

(2) 追肥：草坪生长季节需肥较多，需肥量大小与土壤质地和养分含量有关。沙土保肥性差应予多施，有机质含量丰富的土壤可适当少施。在施用时间上也不同，暖季型草种，如马尼拉、结缕草等宜在春、夏季施肥；冷季型草种，如高山羊茅则在春、秋季施肥。一般多采用无机复合肥均匀撒施或根外喷施，可结合降雨或草坪潮湿时进行，每平方米每次用量5~15克，每年3~5次。

(林甲双　浙江省耀江集团助理工程师)

## 第三节　除草技术

草害是影响苗木生产的重要因素。苗圃地的杂草种类多，生长快，繁殖力强，与苗木争水、争肥、争光且传播病虫，危害很大。生产上常用人工除草、中耕除草、化学除草等方法来除草，也可采用生态、农艺、机械、化学等措施相结合的杂草综合防治技术来控制草害发生，减少防治成本，保证苗木生长质量。

### 一、人工除草

人工除草适用于对播种苗床、扦插苗床、珍贵苗种等小面积杂草的控制，是目前小型生产户普遍采用的除草方法。宜在杂草幼苗期根系较浅时用手拔或用小锄等工具铲除。人工除草虽然简单易行，但工效低，除草不彻底，特别是对宿根性多年生杂草效果不好。

### 二、中耕除草

中耕除草是结合苗木养护所进行的除草，一般适用于对培大

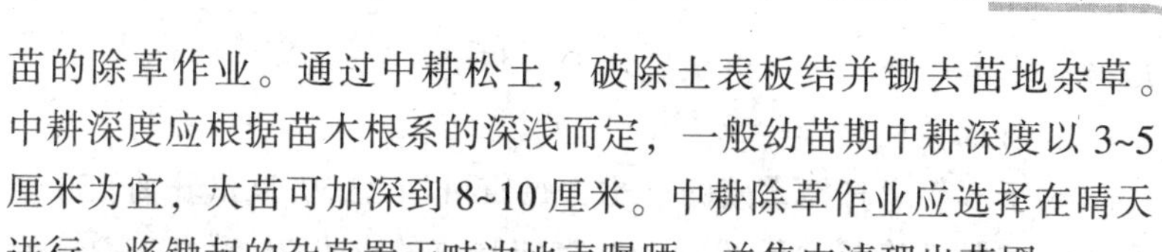

苗的除草作业。通过中耕松土，破除土表板结并锄去苗地杂草。中耕深度应根据苗木根系的深浅而定，一般幼苗期中耕深度以 3~5 厘米为宜，大苗可加深到 8~10 厘米。中耕除草作业应选择在晴天进行，将锄起的杂草置于畦边地表曝晒，并集中清理出苗圃。

## 三、化学除草

除草剂种类繁多，按灭草范围可分为灭生性除草剂和选择性除草剂两大类；按使用方式可分为芽前土壤处理除草剂（杂草发芽前喷施）和芽后茎叶处理除草剂两大类。我们必须根据苗木的品种、生长特性、苗龄等具体情况，选用合适的除草剂种类、剂量和使用方法，才能取得安全、理想的除草效果。

1. 实生苗播种期的化学除草

对于有性繁殖的阔叶类实生苗的化学除草，可在播种后至出苗前，每亩用 23.5%果尔乳油 150 毫升或 23.5%果尔乳油 130 毫升加 50%乙草胺 100 毫升，对水 50 千克均匀喷湿苗床表土，当杂草种子发芽出土与药层接触时即被杀死。对于松、杉等针叶类苗圃的化学除草，在播种覆土后至种子发芽前以上述相同方法处理，可杀死发芽出土的杂草；如两个月后苗圃杂草危害仍十分严重的，可进行第二次用药，但药量减半。这种处理方法对松、杉类很安全，不会影响苗木的正常生长。

2. 实生苗苗期的化学除草

一般在种子苗出土 20 天左右、幼苗真叶长出后才可用药。对于阔叶类实生苗的化学除草，可采用 23.5%果尔乳油 150 毫升或加 50%乙草胺 100 毫升对水 50 千克喷雾，喷雾后用清水洗苗；也可用以上剂量配制成毒土或毒沙 75 千克进行撒施，撒施后再用竹竿掸落粘在树苗上的药土粒。对于松、杉类苗圃地的化学除草，除了采用以上药剂外，每亩还可用 12.8%盖草能乳油 40 毫升对水 40 千克喷雾，这样可有效防除禾本科杂草；或每亩采用 50%扑草净可湿性粉剂 150 克对水 50 千克均匀喷雾。施用果尔除草剂时要注意土壤湿度，只有保持床土湿润，才能发挥应有的药效。此外，

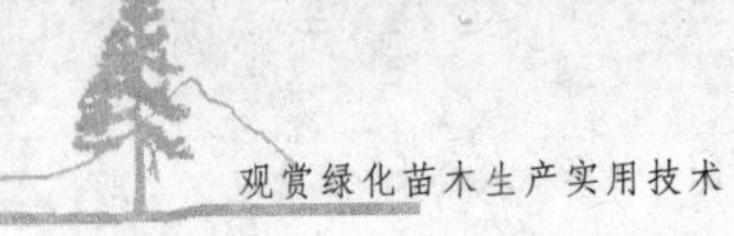


施药后不可锄地松土，以免破坏土表药层。

3. 扦插苗的化学除草

对于多年生扦插繁殖的苗木，每亩可用23.5%果尔乳油150毫升或50%扑草净可湿性粉剂150克配制成的毒土75千克，撒施于苗床并清除苗株上的药土以防药害，可有效防除1年生禾本科、菊科、蓼科、藜科等杂草；也可用10.8%高效盖草能乳油，每亩用量25~30毫升对水50千克均匀喷雾，能有效防除1年生禾本科杂草。

## 第四节　病虫防治技术

### 一、病虫防治原则与途径

观赏绿化苗木病虫害的防治，应贯彻“预防为主，综合防治”的原则，以农艺防治为基础，从当地、当时的实际出发，采用各种有效的措施，形成一个比较科学完整的防治体系。

(1) 农艺防治：利用农业和园艺的方法防治病虫害。主要包括：选用抗病虫优良品种和无病虫健康苗；实行轮作换茬，减少病虫源或切断中间寄主环节；加强田间管理和采取针对性肥水培育措施；严格遵守植物检疫规定，杜绝检疫性病虫害的远距离传播等。

(2) 物理防治：利用物理的方法防治病虫害。有人工或机械捕杀害虫及病虫枝的修剪等；还有灯光诱杀、热力（温度）、超声波、紫外线、红外线消毒等方法。

(3) 生物防治：利用有益微生物和病原菌之间的作用防治病虫害。有以虫治虫、以鸟治虫以及利用生物工程技术培育转基因抗病虫植物等方法。

(4) 化学防治：利用化学药剂防治病虫害，为综合防治的重要组成部分。具有收效快、适用范围广、使用方便等优点，但长期使用特别是使用不当会引起植物药害和人畜中毒、污染环境、引发抗药性及伤害天敌等严重不良后果。

## 二、主要虫害及其防治方法

危害苗木的生物主要有昆虫、螨类、软体动物及鼠类等，其中以昆虫为主。按害虫对苗木的危害部位可分为根部害虫（地下害虫）、茎部害虫（蛀干害虫）、叶部害虫（食叶害虫）、刺吸害虫及花果害虫等。

1. 主要地下害虫及其防治方法

地下害虫取食苗木的根系、萌芽的种子或幼苗，造成根系与土壤分离，苗木失水萎蔫直至死亡。由于地下害虫生活在地下，活动隐蔽不易被发现，给防治造成了一定困难。危害苗木的地下害虫主要有：

（1）蛴螬：即金龟子幼虫。一般每年发生 1 代。越冬蛴螬于 3~4 月开始取食活动，5~6 月出现成虫。卵散产，产卵深度 5~15 厘米，产卵点多为肥沃、疏松的树根周围、发酵的堆肥中。7~8 月新孵化的蛴螬加重危害苗木。

防治方法：在苗木根际土壤肥沃处，挖土去除蛴螬；用 50%辛硫磷乳油 800~1000 倍液浇灌苗木根际，或用 50%辛硫磷乳油 800 倍液拌土撒施，或用 48%锐劲特乳油 1000 倍液浇灌土壤。

（2）非洲蝼蛄：为重要地下害虫之一，每年发生 1 代。成虫和若虫均能越冬。该虫主要咬啮花木根部，并将土壤拱成纵横交错的隧道，在苗期及扦插床、播种床上危害严重。

防治方法：用 50%辛硫磷乳油 800~1000 倍液浇灌苗木根际，或用 48%锐劲特乳油 1000 倍液浇灌表土，或用 98%敌百虫与饼肥以 1:10 的比例拌匀制成毒饵诱杀成虫和若虫。

（3）蜗牛：俗称蜒蚰螺。体外有螺壳保护，每年发生 1 代。杂食性，常取食幼苗的嫩茎、皮层和嫩叶，影响花木的外观和生长。

防治方法：每亩撒施嘧达颗粒剂 0.45 千克，如幼螺较多的地块可再施 1 次。

2. 主要食叶害虫及其防治方法

食叶害虫以咀嚼式口器取食植物叶片，造成植物叶片缺刻、孔洞等，不仅影响花木外观质量，而且还引起大量落叶和枝条枯死，甚至整株死亡。危害苗木的食叶害虫主要有：

(1) 刺蛾：为主要食叶害虫之一。在江、浙一带危害的有黄刺蛾、褐刺蛾、褐边绿刺蛾、扁刺蛾和丽绿刺蛾等，一般每年发生2~3代。幼虫背侧有枝刺或毒毛，其枝刺或毒毛触及人体，会对人体有刺激影响。幼虫在石灰质的硬茧内越冬化蛹，5月下旬至6月上旬羽化为成虫，有趋光性。不同刺蛾的产卵方式和结茧部位各异，在识别和防治中可加以利用。褐边绿刺蛾和丽绿刺蛾集中产卵，扁刺蛾、褐刺蛾、黄刺蛾分散产卵；丽绿刺蛾和黄刺蛾在茎干部位结茧，而褐边绿刺蛾、褐刺蛾、扁刺蛾则在苗木根际的土层中结茧。

防治方法：冬、春季利用刺蛾的结茧习性，人工敲去茎干上的虫茧或挖除根际松土中的虫茧，进行集中杀灭；在成虫发生期间，安装纳米诱杀灯诱杀；在幼虫危害期间，喷洒50%杀螟松乳油800倍液，或天王星乳剂1500倍液，或BT乳剂1500倍液。

(2) 蓑蛾：又叫避债虫、皮袋虫。一般每年发生1代，少数年份发生2代。有大蓑蛾、小蓑蛾、白茧蓑蛾和茶蓑蛾等，在江、浙一带危害严重的为大蓑蛾、小蓑蛾。蓑蛾食性杂，危害苗木种类多，如蔷薇、腊梅、红梅、茶花、木兰、李、杏、樱花、石榴、香樟、铺地柏等。该虫以老熟幼虫在枝条上的虫囊中越冬，成虫产卵也在虫囊中，卵量较大。6月中、下旬幼虫孵化集中涌出，吐丝随风扩散，取食苗木叶肉组织。遇到高温干旱持续时间长的年份，危害比较猖獗。

防治方法：冬季摘除越冬虫囊，减少越冬虫量；安装纳米诱杀灯诱杀雄蛾；喷洒48%乐斯本乳油1500倍液，或天王星乳剂1500倍液，或BT乳剂1500倍液。

(3) 毒蛾：主要有乌桕毒蛾、黄尾毒蛾、榆毒蛾等。毒蛾幼虫都具特殊长毒毛，对人体产生毒害，引起皮炎。成虫具趋光性。每年发生2~4代，以幼虫越冬，危害期为6~10月。初龄幼虫群集，啃食叶肉，留下表皮。幼虫稍大后扩散，将叶片咬成缺刻、孔洞。老熟幼虫常群集在树干隙缝或树基部越冬。

防治方法：利用成虫趋光性，在成虫羽化期用纳米诱杀灯诱杀；越冬期前在花木主干上束草把，诱集老熟幼虫，然后到春季解除草把集中处理；危害期用48%乐斯本乳油1500~2000倍液，或天王星乳剂1500倍液，或2.5%苦参烟碱水剂1000倍液喷雾防治成虫。

3. 主要刺吸式害虫及其防治方法

刺吸式害虫用刺吸式口器吸食植物组织的汁液，植物受害部位发生褪色或发黄，变成畸形，直至萎蔫死亡。主要刺吸式害虫有：

(1) 蚜虫：有桃蚜、棉蚜、长斑蚜、缢管蚜、绣线菊蚜等，可危害桃、海棠、月季、梅花、木槿、石榴、无患子、紫薇、绣线菊、枸骨等许多植物种类。该虫繁殖力强，夏季4~5天即可繁殖一个世代，每年达几十个世代。聚集在新叶、嫩芽及花蕾上，吸取汁液使受害部位出现黄斑或黑斑，同时分泌蜜露，诱发煤污病等病害。

防治方法：结合整枝修剪，剪去蚜虫侵害严重的嫩枝、嫩芽；注意保护和利用天敌，如瓢虫、食蚜虻、草蛉、蚜茧蜂等；喷施40%吡虫啉粉剂1000~1500倍液，或20%杀灭菊酯1500~2000倍液，或2.5%鱼藤精乳剂1000~1500倍液，并隔1周再喷1次。

(2) 蚧虫：种类多，形态变化大，危害隐蔽，防治困难，是苗木生产中令人头痛的一类害虫。因其体表覆有疏水性蜡层，所以药物难以渗入其体内。以成虫、若虫在茎叶、枝干上吸取汁液，周年不停。

防治方法：抓住每种蚧虫的孵化期并用渗透性强的药物防治，是提高防治效果的关键。用融杀蚧螨水剂或机油乳剂作为冬季清园用药，以降低越冬虫口基数；孵化期间喷施50%杀螟松乳油600倍液，或速扑杀乳油1500倍液，或20%杀灭菊酯乳油1000~1500倍液，每隔半个月喷1次，连喷2~3次。

(3) 螨类：又称红蜘蛛。食性杂，寄主植物多。主要有朱砂叶螨、柑橘全扑爪螨、山楂叶螨和苹果叶螨等，常危害香樟、月季、海棠、茶花、杜鹃等。叶螨体小，圆形或卵圆形，橘黄色或红褐色。繁殖力强，每年可达十几代，以雌成虫或卵在枝干、树皮下或土缝中越冬。

防治方法：注意保护和利用天敌，如拟长毛钝绥螨等；选用广谱杀螨剂 50%三环锡可湿粉剂 2000 倍液，或高效低毒杀螨剂 73%克螨特乳油 1500 倍液，或 5%尼索郎可湿性粉剂 1500 倍液，或晶体石硫合剂 500 倍液，均匀喷雾。

(4) 网蝽：又称军配虫。主要危害以若虫、成虫危害苗木，群集于叶背刺吸汁液并排泄浅黑色黏稠物。产卵于叶片组织内，上附黄褐色胶状物。一般以成虫在枯枝落叶或杂草中越冬。翌年 4 月成虫开始活动，9 月虫口密度最高，11 月上旬开始越冬。主要危害杜鹃、海棠、梨、火棘等。

防治方法：春季喷施 50%杀螟松乳油 800 倍液，或拟除虫菊酯类1000~2000 倍液，或 40%吡虫啉粉剂 1000~1500 倍液，两周左右喷 1 次，连喷 2~3 次；冬季清园，用晶体石硫合剂 150 倍液喷雾，控制越冬成虫基数。

4. 主要钻蛀性害虫及其防治方法

天牛：种类多，分布广，危害树种多。常见的有桃红颈天牛、桑天牛、星天牛等。

防治方法：卵孵化期选用内吸渗透性强的药剂，如用 50%杀螟松乳剂 200~400 倍液喷湿树干，对天牛产卵痕迹处进行重点喷雾，这时灭杀初孵化的天牛幼虫效果良好；对于已蛀入树干深处的天牛，可用毒签（含磷化锌）法熏蒸防治，在蛀孔内塞入毒签后用黄泥封堵蛀孔；初孵幼虫开始在皮层取食，其蛀道不深，凡发现有蛀屑排出的，可用小刀挑死或用钢丝钩出将其杀死；成虫产卵期经常检查树体，发现产卵痕迹及时刮除或敲打虫卵。

## 三、主要病害及其防治方法

苗木病害可分为由生理伤害引起的非侵染性病害和由病原物引起的侵染性病害两大类。非侵染性病害也称生理性病害，一般由冻害、霜害、烟害、肥害、药害、空气污染、土壤污染或缺乏营养元素等原因引起。其防治措施主要采用科学栽培技术改善环境，预防和消除有害障碍因素等。如克服香樟、杜鹃、栀子花等的缺铁症，栽培上要注意补施二价铁，同时尽可能避免在强碱性土壤上栽植这些植物。侵染性病害由真菌、细菌、病毒及线虫等病原生物引起，具有传染性，如果防治不当或防治不及时，就会给苗木生产造成严重影响。下面介绍几种常见的侵染性病害及其防治方法。

1. 猝倒病

猝倒病又称立枯病，是半知菌类引起的一种病害。病菌从土表侵染幼苗的根部、茎基部或插穗剪口，使病部下陷缢缩，呈黑褐色。如果组织尚未木质化时发生该病，植株就自土表倒伏，呈现猝倒现象；如已半木质或木质化时发生该病，则表现出立枯病状。一般于幼苗出土 10~20 天时发病最重，病部潮湿时会出现粉红色霉层。病菌以菌丝体或厚垣孢子在土壤中越冬，主要通过土壤和肥料传播。湿度过大、土温 20~25℃时，该病容易发生。

防治方法：幼苗出土前期，适当控制浇水；发病初期，用 25%敌力脱乳油 800~1000 倍液喷雾，间隔 10 天左右再喷 1 次；及时拔除发病植株并集中烧毁，采用 70%土菌消可湿性粉剂对苗床作土壤消毒，或在播种扦插前以 1000~2000 倍药液浇湿床土表面。

2. 白绢病

白绢病开始发病时，茎或叶基部接近土壤处变褐腐烂，长出白色绢丝状菌丝体，呈辐射状在根际土壤中蔓延，并长出小型菌核，初为白色，后变黄色、褐色或茶褐色，最后植株地上部枯萎死亡。该病病原为齐整小菌核菌，喜高温，最适温度约为 30℃。江、浙一带于 6 月上旬初发病，7~9 月重发，10 月下旬基本停止。土壤过湿、贫瘠缺肥、黏重板结、pH 值为 5~7 时，发病率高。

防治方法：苗床土壤用必速灭粉剂作熏蒸消毒；每 100 千克苗床土加哈茨木霉 0.7 千克，充分混合后作播种或扦插之用；大田

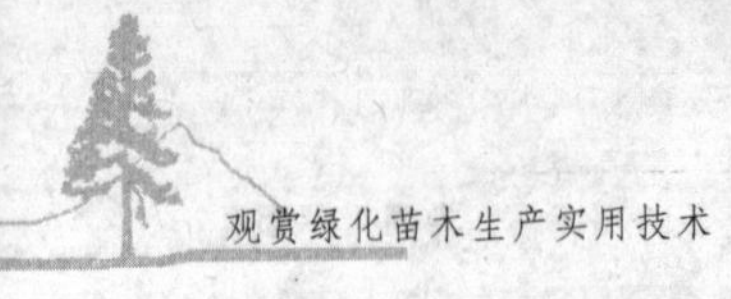



则用0.7%哈茨木霉药土撒施，每穴15~35克；发病时喷施25%敌力脱乳油800~1000倍液，每隔10天左右喷1次；适当通风，避免栽培过密。

3. 白粉病

白粉病是一种真菌性病害，分布较广，能侵害紫薇、月季、十大功劳及香樟等多种苗木，主要危害植株的叶片、嫩梢、枝条、花柄、花蕾、花芽等部位。发病初期，病部表面出现白色粉状霉层，后变为淡灰色并出现小黑点，这是白粉病的特征。受害植株嫩叶扭曲、畸形、枯萎或叶片萎缩、变小。病菌以菌丝体或分生孢子在病枝上越冬，分生孢子借助风雨传播，对温度、湿度的适应性强。夏初和秋末发病较重。偏施氮肥、光照不足或通风不良时，该病容易发生。

防治方法：结合整形修剪剪除病枝、病叶并集中烧毁；合理密植，加强管理，增施磷、钾肥，控施氮肥，提高抗病力；发病初期，喷施25%粉锈宁可湿性粉剂1000~1500倍液，或70%甲基托布津可湿性粉剂700倍液，或62.25%仙生可湿性粉剂600倍液，每隔10天左右喷1次，连喷2~3次，然后用80%大生M−45可湿性粉剂600~800倍液作保护性喷施。

4. 褐斑病

褐斑病是一种真菌性病害。主要有月季褐斑病、榆叶梅褐斑病、梅花褐斑病、紫薇褐斑病等。多从植株下部叶片开始发病，逐渐向上蔓延。病斑初期为圆形或椭圆形，紫褐色，后期变为黑色。病斑分界明显，严重时可连接成片，使叶片枯黄脱落，影响植株生长开花。病菌以菌丝体或分生孢子器在枯叶或土壤中越冬，借助风雨传播。夏初开始发病，以秋季危害严重。高温高湿、植株过密、光照不足、通风不良及连作时，该病容易发生。

防治方法：及时剪除病枝、病叶并集中烧毁；发病初期，喷施80%大生M−45可湿性粉剂600~800倍液，或25%百菌清500倍液，或50%代森锰锌600~700倍液，或50%多菌灵可湿性粉剂600~700倍液，每隔7~10天喷1次，连喷3~4次。

5. 炭疽病

炭疽病是一种真菌性病害。多于叶尖、叶缘开始发病，发病初期出现圆形或椭圆形的红褐色病斑，上有轮纹状小黑点（即病原分生孢子盘），后逐渐增多。病菌以菌丝体在植物残体或土壤中越冬，分生孢子借助风雨传播，从伤口侵入。梅雨期发病较重，严重者可整株死亡。白兰花、广玉兰、梅花、常春藤、橡皮树、枸骨、罗汉松等均可发病。

防治方法：及时剪除病叶并集中烧毁；保持良好的通风透光，浇水时尽量不浇湿叶面；发病初期，喷 80%大生 M–45 可湿性粉剂 600~800 倍液，或 80%喷克可湿性粉剂 800 倍液，或 50%多菌灵可湿性粉剂 600 倍液，或 70%甲基托布津可湿性粉剂600~700 倍液，或 75%百菌清 600 倍液，每隔 7 天左右喷 1 次，连喷 2~3 次。

6. 叶斑病

叶斑病病菌侵染植株叶片、茎枝或花蕾，一般以下部枝叶发病较重。叶面病斑为圆形或长条形，后期扩展为不规则形的红褐色大病斑，中央灰白色，散生小黑点；茎枝病斑多分布在分叉和剪口处，呈灰褐色，长条形，后期产生黑色霉层。病菌在寄主残体或土壤中越冬，借助风雨传播，以夏、秋季发病最重，连作、密植、通风不良或湿度过大易发病。

防治方法：清除病株、病叶，保持苗圃卫生；合理施用氮肥，适当增施磷、钾肥；实行灌浇或沟灌；发病初期，喷施 80%大生 M–45 可湿性粉剂 600 倍液，或 50%甲基托布津可湿性粉剂 600 倍液，或 25%多菌灵可湿性粉剂 700 倍液，每隔 7 天喷 1 次，连喷 2~3 次。

（楼晓明　杭州市园林文物局花港管理处高级工程师）

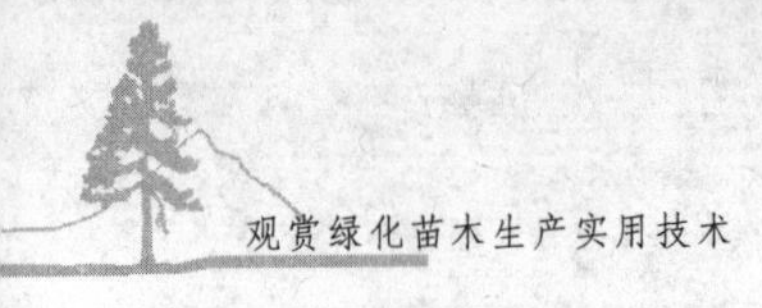


# 第四章　起苗与储运

起苗与储运是观赏绿化苗木培育出圃的最后环节。该环节看似简单，但供需双方之间的不少纠纷常常因此而起。由于苗圃供方的大意和疏忽，会产生诸如泥球松散、包扎不严、起苗过早、存放时间过长以及规格不符等问题，引起对方验收不合格或要求退赔。因此，苗圃应严格按照相关操作规程认真做好起苗、储运各项工作，保证供苗质量，避免纠纷，提高诚信。

目前，国内苗圃主要依靠人工起苗，随着生产的发展和劳力成本的提高，今后使用机械起苗将日益增多。国外采用起苗犁等专门机械起苗，可大大提高工作效率，减轻劳动强度，而且起掘的苗木均匀一致，质量较好。这里主要介绍人工起苗应掌握的几个环节。

## 第一节　出圃前准备

起苗的技术性较强，苗圃应配备相对固定的专业起苗工人，提前做好苗木出圃前的有关准备工作。

(1) 组织好起苗人员并进行技术交代：要挑选技术熟练、对不同苗木特性有一定了解的熟练工人来承担起苗任务。交代清楚所起苗木的品种、数量、所在位置、起苗时间以及起苗、修剪、包扎的具体技术要求。规模较大、管理规范的苗圃还应做好出圃登记工作。

(2) 准备好必要的物资和工具：起苗前应备齐起苗工具、包扎材料等，检查起苗铲、修剪刀等工具是否锋利，因为工具的好坏是影响起苗质量的重要因素。

(3) 查看圃地并确定起苗顺序和运输路线：应根据圃地土壤的干湿情况采取相应措施。如圃地干旱，应在起苗前2~3天灌水，使土壤湿润，以减少起苗时根系的损伤并保证泥球完整。

(4) 合理安排起苗时间：起苗时间应尽量避免安排在大风天，否则容易失水过多，影响成活。当天不能出圃的，还要进行覆盖或假植，防止泥球、根系干燥。

## 第二节 起掘与包扎

常规的起苗季节，无论是落叶树种还是常绿树种，均宜在苗木休眠期进行，以秋季落叶后或春季萌芽前最好，常绿树种也可在梅雨期进行。在实际工作中，由于绿化工程施工的需要，反季节栽植苗木比较普遍，需要特别注意起掘和包扎质量。

1. 裸根苗起掘

大多数落叶树种和部分易成活的针叶树小苗可采用裸根起苗。起苗时沿苗行方向，在根系以外的适当之处先挖一条沟，在沟壁下侧挖出斜槽，根据要求根系的深度切断苗根，再切断侧根，即可取出苗木。苗木起出后，根部最好及时粘泥浆或用苔藓等保湿。注意起苗时切不可硬拔，以免损伤根系。

2. 带泥球起掘

一般针叶树、多数常绿阔叶树及少数落叶阔叶树，其根系不发达或须根很少，而蒸腾量较大，故移植较难成活，应带泥球起掘。5~6年生以上的珍贵大苗，起苗时也应带泥球以保证成活。

泥球的大小，因苗木大小、成活难易、根系多少、土壤质地及运输条件而异。成活较难、根系分布广的苗木，泥球宜适当大些；土壤为沙性土或运输条件差时，泥球不宜过大，否则容易松散，也不便运输。一般泥球半径约为根颈直径的5~10倍左右，高度约为泥球直径的2/3左右。

3. 包扎

带泥球苗一般都应进行包扎。泥球直径在30~50厘米以上的，当泥球周围挖空后，应立即用蒲包和草绳打包，打包形式和草绳围捆密度视泥球大小和运输距离而定。泥球大、运输距离远的，采用牢固而且较繁密的包扎形式；泥球小、运输距离近的可包扎简单一些。泥球直径在30厘米以下的，可不用草绳打包，仅用蒲包、稻草或麦秆包扎即可，但不能用塑料袋套袋。

起掘大苗应先将枝叶用绳捆好，以缩小体积，便于操作和运输，少数珍贵大苗还要将根颈1米以上的主干用草绳或稻草包扎，以免运输中损伤。起苗时先铲去表面浮土约3~5厘米，以减轻重量并利于扎紧泥球，然后在规定泥球大小的外围用铁锹垂直下挖，切断侧枝和须根，达到所需深度后转向内斜削，使泥球呈坛子形。起掘时如遇到较粗的侧根，就要用枝剪剪断或用手锯锯断，防止泥团震动而松散。

## 第三节　苗木运输

在将苗木装车运输前应先检查核对树种名称、规格等级、数量并进行必要的包装，尽量减少运输过程中的水分流失和蒸发。裸根苗的包装，可先将秸秆等湿润物放在包装材料上，然后将苗木根对根放在上面，并在根间加放湿稻草等或者将苗木根部蘸满泥浆。针叶树和大部分常绿阔叶树种要求带泥球苗，挖出泥球后立即用塑料膜、蒲包、草包、草绳等进行包装。

装车时不宜装载过高、过重，不宜压得太紧，以免压伤树枝、树根。树梢不得拖地，必要时用绳子围拢，绳子与树身接触部分用蒲包衬垫，以防损伤树干、树皮。应在卡车后厢板上铺垫草袋、蒲包等物，以免擦伤树皮，碰坏树根。2米以下的苗木可以直立装车；2米以上的苗木则应斜放或完全放倒，泥球朝前，树梢向后，并立支架将树冠支稳，以免行车时树冠晃摇，造成散坨。泥球规格较大、直径超过60厘米的苗木只能码1层；而泥球较小的苗木则可码放2~3层。泥球之间要码紧，还必须用木块、砖头支垫，以防止晃动。泥球上不准站人或压放重物，以防压伤泥球。长途运苗时最好用苫布将树根盖严捆紧，以减少树根失水。

无论是长途还是短途运输，要经常检查包内的湿度和温度。如发现温度过高，则要将包打开，适当通风，并换湿润物以降温；如发现湿度不够，则要适当加水。用筐篓装运幼苗时，即使是短途运输，也应在筐底放一层湿润物，装满后在苗木上面再盖一层湿润物。如果是长途运输，则裸根苗苗根一定要蘸泥浆，带泥球的苗木要在枝叶上喷水，再用湿苫布将苗木盖上。长途运苗应经常给树根部喷水，中途停车应停于阴凉场所，运到目的地后立即打开包装做临时假植。另外，运输前应申请办妥《植物检疫证书》、《木材出运证》，出省的还要挂上种子标签。同时，由于苗木往往会出现超高、超长、超宽的情况，故均应事先办好相关手续。

## 第四节　苗木假植和贮植

苗木假植是以湿润土壤对根系作暂时的埋植处理，可分为临时假植和越冬假植两种。起苗后因不能及时栽植而采取的短期假植为临时假植；秋季起苗后为越冬所作的假植叫越冬假植，也即贮植，需要将苗木假植于相对低温、湿润、通风的环境中，保证苗木安全越冬并延缓发芽，以延长翌春的定植时间。

(1) 假植地的选择：应选避风、背阴、排水良好的地方。避风，可以减少蒸发，防止枝条抽干；背阴，是为了控制生长，尽量减少栽植前发芽而影响成活；地势高、排水良好的地方，则可以防止积水烂根。

(2) 假植方法：挖一条与当地主风方向垂直的沟，沟的大小和深度因苗木大小而异，一般为深、宽各30~50厘米，并将沟壁做成45°的斜壁，然后将苗木均匀地排放于沟内，使苗木根系舒展开，再用湿土进行覆盖，将苗木根系和苗茎下半部盖严踩实，使根系与土壤紧密接触。覆土厚度一般以20厘米左右为宜，既不能太厚，也不能太薄，太厚会使根发霉腐烂，太薄则起不到保湿、

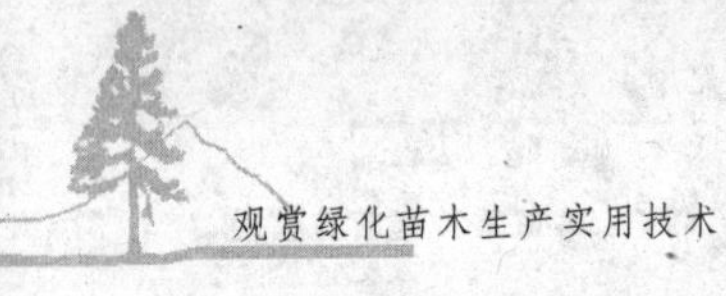


保温作用。覆土中不能混有杂草、落叶等酿热物，以免根系受热损伤。土壤湿度以正常持水量的60%为宜，即手握成团、松开即散。土壤过干时可适量浇水，但切忌过多，以防根部腐烂。

## 第五节 大苗移植养护技术

近年，在城市园林绿化中为追求近期的绿化景观效果，经常会移植一些大树甚至是上百年的老树。大树移植的技术性很强，又因未经过苗圃地驯化而成活率不高，同时还破坏了原产地环境资源，因此，国家已开始制止大树移植，鼓励苗圃地直接培育大苗。大苗栽培经营将成为今后的发展趋势之一。

由于大苗的根系发达完整，树体蒸腾量大，所以，地栽大苗的移植存在许多技术问题，不同树种有着不同的要求，不同季节需要作不同的处理，其中必须引起重视和掌握的共同性技术环节有：

（1）移植前的准备：包括大苗的后期培育管理与起掘前的必要准备。大苗培育应以定向培育为主，根据不同树种确定合理的种植密度，使苗木生长具有良好的一致性。在预期出售的前一年对苗木进行断根处理，特别是对深根性、直根性树种要截断主根，以利于须根的形成。在移植前3~4天，对需移植的大苗灌水1次，要灌透浇足，便于挖掘成球。

（2）泥球起掘与包扎：与小苗相比，泥球大小及保持完整性更为重要，往往成为大苗移植成败的关键之一。因此，大苗的泥球要起得大些，泥球半径宜为根颈直径的8~10倍。开挖时，发现需截断的大根要用锯子锯断，以保证断面完整，并用消毒剂及生根剂进行处理。大苗甚至大树的包扎应包严缠紧，泥球里层可用浸湿的麻袋片垫底，然后用草绳在横竖两个方向层层包扎。树干也要用浸湿的草绳进行缠干保护。

（3）种植与养护：对大苗而言，“三分种、七分管”是比较贴切的。栽植时要把握两点：一是挖大坑，种植坑要比泥球大，但不宜太深，各树种的要求各有不同。有的树种特别是大树，以浅为宜甚至需抬高种植，坑底部要铺垫无病菌的黄心土，即俗称的客土。种植时将大苗按其原生长地的朝向安放，扶正后分层踏实。二是要做好绑缚、修剪和支撑固定。一般采用稻草绳缠绕或用稻草加薄膜绑缚。在夏、秋高温季节，必要时还应搭遮阳网架进行遮阳降温。一般来说，大苗、大树移植后对空气和树干部的湿度要求较高，浇水时宜喷洒树干和树体周围，浇水时间应选择在日落后或早晨日出前进行，以利树体对水分的吸收与蒸腾的平衡。

（胡亚芬　杭州市林木种苗管理中心工程师）

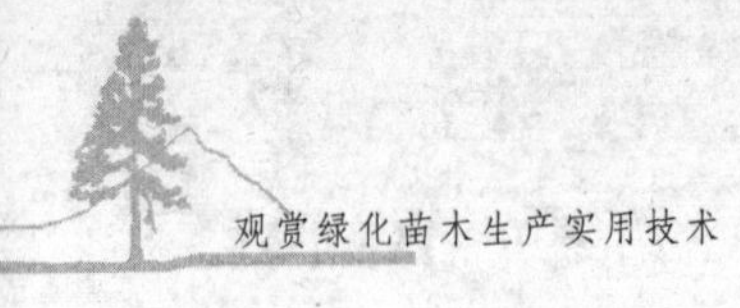



# 第五章 苗木出圃标准

## 第一节 苗木规格与市场需求

苗木的规格需求与品种一样，主要取决于市场的供求关系。因此，只有广泛地了解和收集市场信息，根据市场需求在培育苗木过程中实施不同规格的定向培育和分类经营，才能形成符合市场要求的不同规格梯度的系列苗木产品。例如，色块类灌木植物，可以培育冠径 20~50 厘米为主的规格苗；耐修剪、易修剪成球的灌木与小乔木，可以培育修剪成形、冠径在 100 厘米以上的规格苗为主；矮绿篱植物主要不在于苗木粗度而在于高度，一般将苗高控制在 60~100 厘米；而高绿篱植物则应培育苗高 120 厘米以上的规格苗；大乔木树种宜培育胸径在 8~12 厘米左右的大规格苗，因为该生长阶段的苗木，树形已基本成形且长势旺盛，市场需求量大。

## 第二节 苗木分级标准

苗木分级是根据苗木的质量标准把苗木分成不同等级，使之既便于生产方实施苗木的分级管理、分级包装运输和分级出售，又便于购销双方对于苗木质量的一致认可。2003 年北京市出台了《出圃苗木主要质量检验标准》（见表 5-1、表 5-2），1991 年国家建设部发布了《城市绿化和园林绿地用植物材料——木本苗》的行业标准（CJ/T34-91）。由于绿化苗木的种类与树种繁多，规格要求复杂，这些质量标准尚难以满足各地市场对于苗木分级标准的需要。因此，有必要根据各地苗圃的生产技术水平和主要树种的特点，制定出适合当地的苗木出圃分级标准。一般说来，苗木质量多根据苗龄、高度、地径（根颈直径）或冠径、病虫害及机械损伤等各项指标进行分级。

表 5-1　北京市出圃苗木主要质量检验标准

| 苗木类型 | 基本要求 |
|---|---|
| 乔木类苗木 | 主要质量标准以干径、树高、冠径、主枝长度、分枝点高和移植次数为规定指标，要求具主轴的应有主干、主枝3~5个，而且主枝分布均匀 |
| 阔叶乔木 | 慢性树种的干径5厘米以上，速生性树种的干径7厘米以上；落叶小乔木的干径3厘米以上，常绿乔木的树高2.5米以上 |
| 行道树用乔木 | 落叶乔木的干径不小于7厘米，主枝3~5个，分枝点高不小于2.8米（特殊情况下可另行掌握）；常绿乔木的树高4米以上 |
| 高接乔木 | 嫁接时间应在3年以上，接口平整、牢固 |
| 灌木类苗木 | 主要质量标准以主枝数、蓬径、苗龄、高度或主枝长、基径、移植次数为规定指标 |
| 丛生型灌木 | 灌丛丰满，主、侧枝分布均匀，主枝数不少于5个，而且主枝平均高度达到1米以上 |
| 匍匐型灌木 | 应有3个以上主枝达到0.5米以上 |
| 单干型灌木 | 具主干，分枝均匀，基径在2厘米以上，树高1.2米以上 |
| 绿篱（植篱）用灌木 | 冠丛丰满，分枝均匀，下部枝叶无光秃，3年生以上苗龄 |
| 藤木类苗木 | 主要质量标准以苗龄、分枝数、主蔓直径和长度、移植次数为规定指标。分枝数不少于3个，主蔓直径应在0.3厘米以上，主蔓长度应在1米以上 |
| 竹类苗木 | 主要质量标准以苗龄、竹叶盘数、土坨大小和竹秆个数为规定指标 |
| 母　竹 | 为2~5年生苗龄 |
| 散生竹类 | 大中型竹苗具有竹秆1~2个；小型竹苗具有竹秆5个以上 |
| 丛生竹类 | 每丛竹具有竹秆5个以上 |

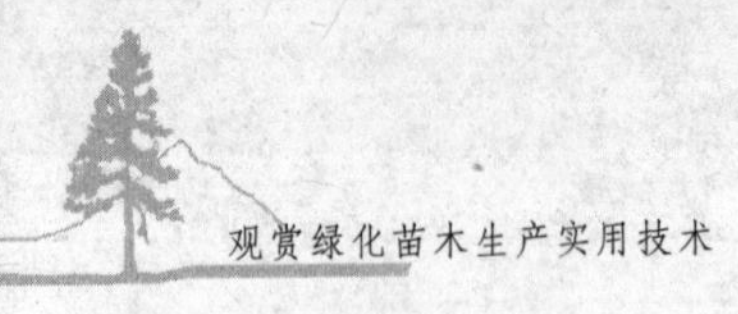



表 5-2 苗木质量检验中常用名称说明

| 常用名称 | 名称解释 |
|---|---|
| 丛生型苗木 | 自然生长的树形呈丛生状的苗木 |
| 匍匐型苗木 | 自然生长的树形呈匍匐状的苗木 |
| 蔓生型苗木 | 自然生长的树形呈蔓生状的苗木 |
| 单干型苗木 | 自然生长或经过人工整形后具有 1 个主干的苗木 |
| 多干型苗木 | 自然生长或经过人工整形后具有 3 个以上主干的苗木 |
| 小乔木 | 自然生长的成龄树、株高在 3~8 米的乔木 |
| 中乔木 | 自然生长的成龄树、株高在 8~15 米的乔木 |
| 大乔木 | 自然生长的成龄树、株高在 15 米以上的乔木 |
| 干径(胸径) | 苗木主干离地表面 1.3 米处的直径 |
| 地　径 | 苗木主干离地表面 0.3 米处的直径 |
| 冠　径 | 苗木树冠垂直投影面的直径 |
| 蓬　径 | 灌木、灌木丛垂直投影面的直径 |
| 树　高 | 从地表面至乔木正常生长顶端的垂直高度 |
| 灌　高 | 从地表面至灌木丛正常生长顶端的垂直高度 |
| 分枝点高 | 从地表面到乔木树冠的最下分枝点的垂直高度 |
| 移植次数 | 苗木培育的全过程中移植的次数 |

(胡亚芬　杭州市林木种苗管理中心工程师)

# 下编　苗木种类介绍

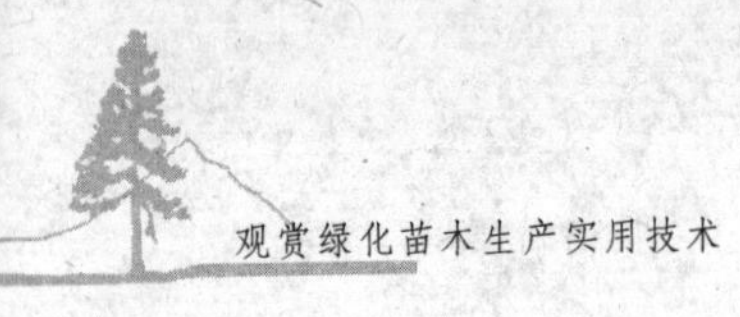


# 第六章　概　述

## 第一节　历史与现状

杭州花卉苗木的生产栽培历史悠久，产业起步早，发展迅猛，效益明显，在浙江乃至全国均具有代表性。1985 年，市苗木种植面积为 3 万亩，到 2004 年发展到 30.4 万亩，种植面积增长了 10 多倍，苗木品种增加到近千个品种，成为六大优势产业之一。从 20 世纪 80 年代到现在，杭州市的苗木产业经历了大起大落、稳定性恢复与快速发展三个阶段。

1978 年至 20 世纪 80 年代末期，萧山农民借改革开放之东风，利用围垦滩涂的资源优势，将部分棉麻粮田改种绿化苗木，初步形成苗木生产基地。到 1985 年底，全市种植面积 3 万亩，主要品种为五针松、龙柏、铺地柏和广玉兰、金丝桃、海棠类植物等，其中以中、低档绿化绿篱品种为主。由于当时价格哄抬严重，农民盲目跟风，1985 年开始出现价格大波动，市场逐渐萎缩，圃地面积缩减，到 1990 年全市种植面积缩减到 1.5 万亩。

20 世纪 90 年代初，随着各地对城乡绿化和生态环境建设的普遍重视，苗木产业走出低谷，呈现出稳定性恢复和发展趋势。园林部门不断引进、筛选各类适用新品种，品种多样化趋势明显，更新速度加快，质量档次提高。到 1999 年，全市苗木种植面积发展到 4.5 万亩，品种达 300 多个，香樟、雪松、桂花、金叶女贞、茶梅、龙柏球、海桐、火棘、马尼拉草等成为主导品种。

2000 年以来，受益于粮食购销体制改革、农业结构战略性调整和城乡统筹发展的有利政策，花卉苗木产业步入快速发展的轨道。2001年全市花卉苗木总面积为11万亩，2002年、2003年、2004年分别达到了19.8万亩、25.8万亩、30.4万亩，年销售额均保持在10亿元以上，苗木品种多达1200个以上。该时期的苗木生产从东部平原围垦区发展到西部山区，同时苗木的市场应用空间大为拓宽，高等级公路中央隔离带和两侧绿化带建设、城市大型绿地、江河湖库整治等生态绿化兴起，大树移植、色块景观建设非常活跃。市场对于不同品种、不同规格的苗木需求量很大，对胸径10厘米甚至25厘米以上的大树极为青睐。圃地培育的乐昌含笑、各类意杨、湿地松、马褂木、山杜英、红花檵木、水蜡等新品种得到大量应用，香樟、金叶女贞等传统品种也很俏销。一些规模较大、意识超前的企业大户，开始对色叶植物、地被植物、水生植物、耐盐碱植物等进行专业化分类培育经营，逐步走上了现代化苗圃的生产之路。

综观杭州市的苗木生产现状和分析预测市场前景，尚存在着许多问题，较为突出的有以下两点：

第一，品种结构不合理。在苗木品种结构上表现为“四多四少”：大路货多、主导品种少；跟风培育的苗木多，有区域特色的品种少；小苗多，大规格苗少；综合性苗圃多，专业苗圃少。这种现象，主要是对市场前景过分看好而盲目发展的结果，无法从规模、价格及产品质量上参与市场竞争，难以周年均衡供应。

第二，品种特色不突出。早在20世纪80年代，浙江省的绿化苗木就已形成了奉化五针松、金华茶花、杭州祥符罗汉松和桂花及萧山的多品种绿化苗木的格局，呈三足鼎立之势。随着产业的不断发展，一些地方形成了新的鲜明特色，如余姚市四明山有万亩红枫基地，宁波市柴桥镇有2万余亩杜鹃基地，金华市着重于野生植物驯化为主的苗木品种培育，嵊州市为红玉兰、二乔玉兰等玉兰类基地，而杭州市却缺乏具有大规模、区域性品牌的特色品种基地，就连市花桂花、萧山的金叶女贞等也逐步失去市场优势，目前在全国具一定知名度的有富阳的杂交马褂木基地、临安的桂花基地等。

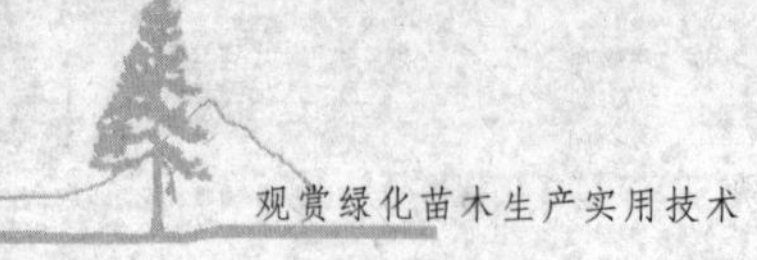


## 第二节　前景分析与品种要求

苗木品种是花卉苗木市场的首要品牌，这是由花卉苗木产业的特性所决定的。一个好的品种可以孕育一个大市场，可能成为该生产地域的代名词。因此，特色品种的选择对于苗木经营者和产业发展具有举足轻重的作用。目前，杭州市的苗木产业正经历着由粗放型向设施化、园艺化、专业化、品种化的转变，处于“转型升级”的关键时期。苗木的产品市场开始出现细化分化，应用和消费逐渐趋于理性，除了城市和园林绿化之外，家庭消费、城市重大节日活动消费的“一次性”花卉苗木产品，如时令花卉、花坛花卉开始兴起，园艺栽培、整修和容器化培育的苗木也将越来越受到欢迎，甚至成为打开国际市场的主要产品。因此一个区域、一个企业、一个苗圃，都必须拥有自己的具有主导性、代表性的苗木品种，只有这样才能在市场竞争中取得优势，有利于持续发展。作为主导性品种，首先必须要有自己的特色，即品种要新，要拥有种质资源，当地栽培环境能适应品种特性的需要；其次，要有良好的苗木质量和一定的生产量，能满足市场需求。

根据现有花卉苗木的生产情况及发展趋势来看，以下几种类型的花卉苗木可作为主导性品种供苗圃苗农选择参考：

1. 出口型花卉苗木

出口苗木因受市场信息、出口渠道、技术要求等因素的限制，对大多数苗木经营者来说尚较陌生，但有着很大的市场潜力。如：杨桐、柃木在日本具有较好的市场需求，因日本无国内资源而必须依赖进口；瓜子黄杨在德国一直有栽培种植史且在欧式园林中用途甚广，不会有生物适应性方面的问题。这类国内资源丰富的苗木，可以走出口的路子。

2. 面向北方市场的苗木

城市绿化与生态建设是一项全国性、长期性的重点工作，长江以北乃至黄河以北的北方地区幅员辽阔，生态环境相对较差，原有适生树种相对较少。因此，培育适应北方地区生长的新苗木品种，不失为一条很好的途径。如富阳的杂交马褂木，经在北京多年试种后长势良好,可以作为向北方推广、打开北方市场的树种。

3. 传统的特色优良苗木

一个地方的苗木不能没有当地传统的特色品种，因为几千年来自然生长的本地树种是最具代表性的，市场实际应用最多的也是传统的特色品种。除非有特殊的景观需要，一般绿地的骨架性树种一定是当地的传统品种。如桂花是杭州市有文化内涵底蕴的乡土树种，已有专业单位开始培育长花期、大花形、大花量的优良品种，这些细分的新品种市场前景肯定看好。

4. 新优品种苗木

新优品种苗木是指从外地引进或者由野生资源驯化培育的苗木品种。这类苗木除了市场热炒因素外，真正能成为新优品种的不会很多。考察确定的一个简单办法，就是对前几年引进种植的各类苗木作实地观察，按照绿化用途分析、比较其生长表现情况。如红叶石楠、香港秀丽四照花等品种都不错。

5. 园艺栽培及容器栽培苗木

园艺栽培苗木是新的趋势，反映了经济发展到一定程度后社会对于苗木的需求。通过园艺栽培、修剪成形或者容器直接培育的大苗应用于各类绿地建设，既可构成一种景观，也可体现出园艺艺术。园艺栽培的苗木品种以选择常绿、细叶、紧凑、耐修剪的品种为宜，而容器大苗则要与市场紧密结合，可选用一些行道树类树种。

6. 特色经济林树种

特色经济林树种一方面可以满足园林绿化需要，另一方面也可以为农田、山林承包经营者带来经济收益。一些品种优良的柚类、杨梅、柿子以及香榧、薄壳山核桃等均是具有开发前景的特色经济林树种。

（宣子灿　杭州市林木种苗管理中心高级工程师）

# 第七章　乔木类树种

## 第一节　落叶乔木

### 1. 银杏

银杏科，银杏属。别名白果树、公孙树。

形态特征：落叶乔木，树干端直。大枝近轮生，雌株的大枝常比雄株的更展开或下垂，有长枝和短枝之分。叶扇形，在长枝上呈螺旋状散生，在短枝上簇生。叶脉二叉，叶柄长 5~8 厘米。雌雄异株，球花生于短枝叶丛间，在叶片生长的同时开放，雄球花葇荑花序状，雄蕊多蕊数。种子椭圆形、倒卵形或近圆形，长 2.5~3.5 厘米。子叶两枚，不出土。花期 3 月下旬至 4 月中旬，种子成熟期 9~10 月。

地理分布：为我国特有树种，是现存种子植物中最古老的种类，被称作“活化石”。浙江省西天目山海拔 600~1100 米处酸性黄壤地带有野生状态林木。现广泛栽培于沈阳以南地区，尤其多栽植于寺庙及村落附近。

生态习性：强阳性树种，耐寒，不耐阴，对气候及土壤条件适应性强。在冬、春季温寒干燥或温凉湿润及夏、秋季温暖多雨、土层深厚、排水良好的环境中生长旺盛；在瘠薄干燥、过度潮湿或盐分太重的土壤中生长不良。该树种寿命长，生长较慢，但在肥、水适宜的条件及精心管理下，也可迅速生长。

繁殖栽培：以播种繁殖为主，也可扦插、压条、嫁接繁殖。以生产种子为目的的多采用嫁接繁殖，可提前结果，且可选用优良品种的雌株作接穗。播种于 4 月上旬点播或条播，播前宜先作混沙层积催芽。扦插可采用硬枝或嫩枝扦插。硬枝扦插时间在春季，嫩枝扦插为6~7月，扦插后用塑料薄膜保湿遮阳。压条可选用健壮枝条。如欲提前结果，可以实生苗为砧木，用已结果丰产母树的枝条为接穗，在春季用切接或劈接法嫁接繁殖，也可在夏季用芽接繁殖。移植适于在春季萌动前进行，因为这时成活率最高。小苗移植可裸根，大苗可切断主根带泥球移植。

园林用途：银杏树干端直，树形优美；春叶嫩绿，秋叶鲜黄，叶形秀美；寿命长，病虫害少，最适于作庭园树、行道树或独赏树。用于行道树时，应选择雄株，以免种子果实受污染。也可配置于庭园、大型建筑物四周和前庭入口处。老根古干是制作树桩盆景的好材料。

变种品种：栽培变种较多，主要有垂枝银杏、黄叶银杏、裂叶银杏、塔形银杏、斑叶银杏等。

**2. 金钱松**

松科，金钱松属。别名金松。

形态特征：落叶乔木，高达40米。树干挺秀，大枝平展，树冠尖塔形，枝叶稀疏。叶线形、扁平，在长枝上呈螺旋状散生，在短枝上呈15~30枚簇生，辐射平展。雌雄同株，雄球花长圆形、黄色，雌球花圆柱形、紫红色。球果卵形，淡红褐色，有短柄。花期4~5月，种子成熟期10月。

地理分布：为我国特有树种，国家二级保护植物。在江苏南部、安徽、江西、湖北、湖南、福建、浙江等地均有分布。

生态习性：喜温暖湿润的气候和深厚、肥沃、排水良好的中性或酸性沙壤土，多散生于100~1500米的山地。幼苗时根系的生长比地上部分迅速，5~6年后地上部分生长加速。耐低温，不耐干旱瘠薄，也不耐盐碱及积水，否则可引起落叶。强阳性树种，但幼苗需遮阳。为典型的与菌根共生树种。

繁殖栽培：播种育苗繁殖，种子应沙藏层积60天左右，育苗地必须掺入原金钱松树下的土壤或在有菌丝的林地内播种；或播种后用菌根土覆盖，半个月后发芽，炎夏要架设遮阳棚遮阳。苗

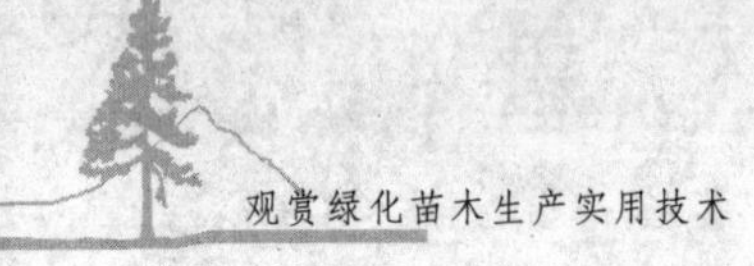


木移植必须带泥球，随挖随栽，保持湿润。

园林用途：金钱松树形优美，树干端直，入秋叶色金黄，短枝上叶簇伸展圆如金钱。与雪松、南洋杉、日本金钱松和巨杉等被合称为世界五大观赏树种。园林中可孤植或群植成树丛，也可用作行道树或盆栽，它是制作丛林式盆景的极好素材。

变种品种：主要栽培的变种有矮型金钱松、垂枝金钱松和丛生金钱松。

①矮型金钱松：丛生灌木状，高50~60厘米，树冠圆锥形，供盆栽用。

②垂枝金钱松：丛生灌木状，高2~3米，枝叶密生，大枝平展，小枝下垂。

③丛生金钱松：丛生灌木状，高仅30厘米，宜盆栽观赏。

**3. 水杉**

杉科，水杉属。别名水杪。

形态特征：落叶乔木，高达45米，胸径2.5米。树干基部常膨大，有板状根。大枝斜展，小枝下垂，小枝与侧芽均对生。叶线形，长1~3.5厘米，交互对生，基部扭转排成两列，柔软，入冬与小枝一起凋落。雄球花单生叶腋，排成总状或圆锥花序；雌球花单生枝顶。球果近球形，种鳞交互对生，种子扁平有窄翅。花期2月下旬，球果成熟期11月。

地理分布：为我国特有孑遗树种，1941年发现，1948年定名。天然分布仅见于四川、湖北、湖南三省交界处海拔为750~1500米的地区，现广泛引种栽培于全国各地。它是浙江省平原地区造林的重要绿化树种。

生态习性：喜光性强，速生，较耐寒，耐湿但忌渍涝。在深厚、湿润、肥沃的酸性土壤上生长旺盛，不耐干旱瘠薄，能耐轻度盐碱。

繁殖栽培：扦插或播种繁殖。因水杉结子迟（生长25~30年开始结子）且常有雄花败育，种子不易多得。播种应在春季地温达12℃以上时为宜，播后盖草保湿。扦插繁殖采用硬枝和嫩枝均可，春季扦插在发芽前进行。嫩枝扦插在6~7月进行，选用充实健壮的1年生枝条，插穗宜用浓度为50~100毫克/升的萘乙酸液浸泡1小时，苗床需保持湿润通风，可促进生根。移植要随控随栽，挖大穴，施基肥，勿伤根，移植后浇透水。生长期可施追肥；苗期适当修剪，4~5年后不必修剪，以免破坏树形。

园林用途：水杉树干挺拔，树形优美，春叶嫩绿，秋叶金黄，为著名的庭园观赏树种。可于湖滨、堤岸或公园、庭园、草坪、绿地中孤植、列植或群植，也可成片栽植营造风景林并配置常绿地被植物，还可栽于建筑物前或用作行道树，效果均佳。对二氧化硫有一定抗性，是厂矿绿化的好树种。

**4. 落羽杉**

杉科，落羽杉属。别名落羽松。

形态特征：落叶乔木，高达50米，胸径2米。树干尖削度大，干基膨大，地面通常有屈膝状的呼吸根。树皮棕色，常裂为长条片脱落。树枝水平展开，幼树树冠圆锥形，老树树冠宽圆锥状。叶线形、扁平，基部扭曲在小枝上排成两列，凋落前变成红褐色。球果圆形或卵圆形，有短梗，下垂，成熟后为淡黄褐色，有白粉。种子为不规则的三角形，有短棱，褐色。花期4月下旬，球果成熟期10月。

地理分布：原产美国东南部到北纬40°地带，大多分布于沿河沼泽地和河滩地。世界各地均有引种，我国东南部各省也进行了引种栽培。

生态习性：强阳性、深根性树种。极耐水湿，能生长于浅沼泽中。有一定的耐寒力，抗风性强。

繁殖栽培：播种或扦插繁殖。种子发芽慢，有时长达80天以上，如春季播种到夏季才出苗。秋、冬季采集种子，去杂处理后于12月进行湿沙层积催芽，90天后播种。播种时，选择肥沃、湿润的微酸性沙壤土做苗床条播，每亩播种量8~10千克。扦插繁殖可采用嫩枝或硬枝扦插。嫩枝扦插于夏、秋季采集发育充实的半木质枝条，用浓度为50毫克/升的萘乙酸液处理6小时，扦插于充分冲洗并消毒的细河沙中，以薄膜封闭并遮阳，加强水分管理；硬枝扦插可在春季用完全木质化的枝条，剪成长 10~12 厘米的插穗，用浓度为 100~150 毫克/升的萘乙酸液处理 24 小时，插于壤土苗床中。园林绿化用苗应分床培大，一般于 3 月移植，大苗需带泥球。

园林用途：落羽杉树形整齐美观，近羽毛状的叶丛极为秀丽，入秋叶色变成古铜色，为良好的秋色叶树种。最适于在水畔栽植，有防风、护岸之效。

同属异种及变种品种：同属植物有池杉、墨西哥落羽杉和中山杉等。

①池杉：又名池柏。叶钻形，在小枝上以螺旋状排列。有多个栽培变种，现国内外常见的有垂枝、锥叶和羽叶等几个类型。繁殖栽培和园林用途与落羽杉相同。

②墨西哥落羽杉：原产墨西哥及美国得克萨斯州南部，形似落羽杉，但为半常绿树种，叶下垂，球果较长，为我国长江流域及珠江三角洲农田水网地区重要的湿地栽植树种。

③中山杉：为落羽杉属种间杂交种优良无性系的总称。其优良特性为耐盐碱、耐水性强，抗风性强，生长速度快，具有较高的观赏价值。中山杉树干挺拔高耸，树冠呈圆锥形，很适宜于孤植、列植或丛植。在湿地可产生膝状气生根，形成奇异的自然景观。

**5. 垂柳**

杨柳科，柳属。别名柳树。

形态特征：落叶乔木，高达 18 米。树冠疏松展开。树皮灰褐色，有不规则纵裂。小枝细长下垂。叶互生，披针形或线状披针形，长 8~15 厘米，先端长渐尖，边缘具细锯齿，叶柄长约 1 厘米。雌雄异株，葇荑花序，蒴果外覆柳絮。花期 3 月，蒴果成熟期 4 月。

地理分布：在我国长江流域以南各省及北方都有栽培，它是平原水乡的常见树种。

生态习性：喜光，耐寒，适应性强。耐水湿，短期水淹没顶或下部长期淹水不致死亡。喜沙性土，在黏性土壤中生长不良。发芽早，落叶迟，年生长期长。

繁殖栽培：以扦插繁殖为主，也可播种。扦插极易成活，在春、秋季及雨季均可进行，可用大枝埋插替代大苗。播种宜在4月种子成熟时进行，随采随播，实生苗初期生长慢，寿命长。

园林用途：垂柳树形优美，垂柔的细枝，丰满的树形，加之易成活、生长快、发叶早、落叶迟、适应性强，是优良的观赏树种，为浙江省水网、平原、低湿河滩绿化与护岸的重要速生树种。因雌株春季会有大量飘絮，故人口密集区绿化宜选用雄株。

**6. 沙朴**

榆科，朴属。别名朴树、小叶朴。

形态特征：落叶乔木，高达20米。树冠扁球形。小枝幼时有毛，后渐脱落。叶卵圆形，长4~8厘米，先端短而尖，基部不对称，锯齿钝，表面有光泽，背脉隆起。果实成熟时为橙红色，果柄与叶柄近等长。花期4月，果实成熟期9~10月。

地理分布：主要分布于我国淮河流域、秦岭以南至华南各省、自治区，散生于平原及低山区。

生态习性：喜光，稍耐阴，喜温暖的气候及肥沃、湿润、深厚的中性黏质壤土，耐轻度盐碱。深根性，抗风力强，寿命长，抗烟尘及二氧化硫等有毒气体。

繁殖栽培：播种繁殖。秋播或将种子用湿沙层积储藏至翌年春播。播种覆土约1厘米，翌年春季分床培育，2~3年可出圃。育苗期间注意整形修剪，培养通直树干和树冠。大苗移植需要带泥球。

园林用途：沙朴树形美观，树冠宽广，绿阴浓郁，是城乡绿化的重要树种。宜用作庭园树，也可作行道树及厂矿绿化和防风、护堤树种。同时，还是制作盆景的常用树种。

**7. 珊瑚朴**

榆科，朴属。别名朴树。

形态特征：落叶乔木，高达25米。树冠圆球形。小枝、叶背及叶柄密生黄褐色绒毛。叶宽卵形，先端短而尖，中部以上有钝锯齿，叶面稍粗糙，三出脉，无托叶。花两性，簇生，红褐色，先叶开放。核果单生叶腋，卵球形，橙红色，果核顶部具尖头。花期4月，果实成熟期10月。

地理分布：广泛分布于黄河流域以南各地。

生态习性：喜光，稍耐阴，喜温暖的气候及肥沃湿润的土壤，也能耐干旱瘠薄，在微酸性、中性及石灰性土壤中都能生长。深根性，生长较快，抗烟尘及有毒气体，病虫害少，较能适应城市环境。

繁殖栽培：播种繁殖。秋播或将种子沙藏至翌年春播，生长迅速，1年生苗木可高达1米以上。小苗可裸根移植，大苗移植需带泥球。

园林用途：珊瑚朴树高干直，树冠宽广，树姿雄伟。春季枝上长满肥大的红褐色花序，状如珊瑚，入秋后则挂满橙黄色的果实。该树可用作庭园树及观赏树，孤植、丛植或列植皆宜，也可用作厂矿、街坊绿化的绿化树种。

**8. 糙叶树**

榆科，糙叶树属。别名糙叶榆、牛筋树。

形态特征：落叶乔木，高达20米。树干挺拔，树冠球形。树皮灰棕色，老时有浅纵裂。叶卵形至狭卵形，边缘具单锯齿，两面粗糙，具平伏硬毛。花小，单性同株。雄花组成聚伞状伞房花序，生于新枝基部叶腋；雌花单生于新枝上部叶腋。核果近球形或卵球形，紫黑色，果皮表面及果柄有毛。花期5月，果实成熟期10月。

地理分布：分布于我国长江流域及以南地区。

生态习性：喜光，耐寒，略耐阴，喜温暖湿润的气候及肥厚的酸性土壤。叶面粗糙，吸尘力强，抗污染。生长速度中等，寿命长。

繁殖栽培：播种繁殖。小、中苗裸根蘸泥浆移植，大苗需带泥球。可以进行粗放管理。

园林用途：糙叶树树干挺拔，树冠球形，枝叶茂盛，既是良好的庭园树和观赏树、行道树，也是厂矿的绿化树种和防护林树种。

**9. 榉树**

榆科，榉属。别名大叶榉。

形态特征：落叶乔木，高达25米。树皮光滑不裂，老树皮基部常呈薄片状剥落。小枝密生白柔毛。叶互生，椭圆状卵形或卵状披针形，长2~8厘米，叶缘具小桃尖形锯齿，羽状脉，叶面粗糙，下面密生淡灰色毛。花杂性，同株。坚果直径约4毫米，上部歪斜。花期4月，果实成熟期10月。

地理分布：以我国秦岭、淮河流域以南各地、长江中下游为最多。多生于海拔800米以下的山麓、山坳及缓坡地。

生态习性：中等喜光树种，喜温暖湿润的气候和肥沃、湿润的土壤，在微碱性、中性及轻度盐碱土壤中均能生长，尤喜石灰性土壤。不耐水湿，不耐干旱瘠薄。深根性，抗风力强。寿命长，生长速度中等偏慢。抗烟尘与重金属等污染，对氟化氢有一定的吸收能力。

繁殖栽培：播种繁殖。秋末采种，翌年早春播种，播前去杂后用清水浸种1~2天，每亩播种量6~10千克。起苗时应注意保护细根。

园林用途：榉树树形优美，秋叶红色，耐烟抗风，净化空气，是城乡绿化的好树种。在园林绿地中孤植、丛植或列植皆宜，同时也是道路、厂矿绿化和营造防护林的理想树种。

**10. 榔榆**

榆科，榆属。别名榆树、小叶榆。

形态特征：落叶乔木，高达20米。树皮斑块状剥落，新落处呈红褐色。单叶互生，叶小，质硬，椭圆状披针形，基部偏斜，边缘具规则的单锯齿。花两性，簇生于当年生枝叶腋。翅果卵圆形或椭圆形，长约1厘米，顶端有凹陷。花期8月，果实成熟期

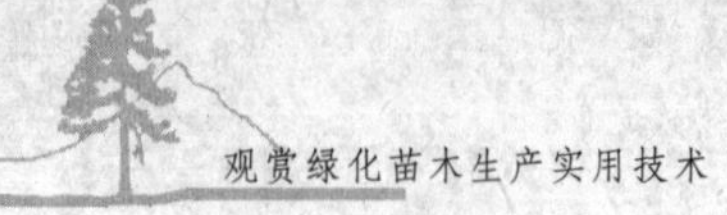


10月。

地理分布：我国东北、华北、西北及华东地区均有分布，其中以华北地区及淮北平原栽培最为普遍。

生态习性：喜光，耐寒，抗旱，抗风。喜肥沃、湿润的土壤，但对土壤要求不严，耐瘠薄，耐盐碱。主根、侧根均发达，生长中等，寿命长。萌芽性强，耐修剪，可塑造各种树形。对二氧化硫、粉尘、有毒气体及重金属等抗性较强。

繁殖栽培：播种繁殖。10~11月间及时采种，随采随播或干藏至翌年春播，每亩播种量2~2.5千克。移植成活率高，小苗可裸根移植，而大苗则需疏剪枝叶。

园林用途：榔榆树形优美，树皮斑驳、奇特，有较高的观赏价值，为优良的园林绿化或行道树种。在园林中孤植、丛植或与亭榭山石配置均适宜，并具有较强的抗污染能力。

11. 玉兰

木兰科，木兰属。别名白玉兰、木兰、望春花、玉堂春。

形态特征：落叶乔木。冬芽密生淡灰绿色长绒毛。小枝淡灰褐色或灰色，具环状托叶痕。叶互生，倒卵状矩圆形，先端短而尖，基部楔形，全缘。花大，白色，微有芳香。花瓣9枚，3枚一轮，肉质。雄蕊多数，螺旋状排列于花托下部；雌蕊多数，排列在花托上部。聚合果圆筒形，红色，果柄有毛。花期3~4月，果实成熟期9~10月。

地理分布：产于我国华东、华中各地山区，浙江天目山、江西庐山、湖南衡山均有野生分布，黄河流域以南园林中广泛栽培。

生长习性：适生于温带、暖温带的气候环境中，喜光，幼树稍耐阴，喜肥沃、排水良好的中性或偏酸性土壤，在弱碱性土壤上也能生长。根肉质，怕积水，侧根发达，喜氮肥，有较强的萌芽力。

繁殖栽培：播种、扦插、压条及嫁接繁殖均可。播种繁殖于9月下旬采种，处理晾干后层积沙藏，翌春播种，有条件的可温室沙床播种。密度以不重叠为标准，覆盖河沙约2厘米，保持湿润。

发芽后将芽苗移植于纸质容器中，约 1 个月后栽植于苗圃。扦插繁殖可在雨季进行，插穗选自幼龄树的当年生枝条，扦插基质用河沙，上方遮阳。压条繁殖可根据情况采用埋土或高枝压条等不同方法。嫁接繁殖可用劈接、腹接、芽接等方法，一般用黄山木兰、玉兰野生苗及实生苗作为砧木，接穗选自优良植株，以晚秋劈接成活率较高。移植时不能伤及肉质根，大苗需带泥球，注意要挖大穴，深施肥，浅栽树。移植时间以芽萌动前半月或花谢叶未展时为好。

园林用途：玉兰为我国传统名花。树冠美丽，花大而香，早春先叶开花，满树皆白，晶莹如玉，幽香似兰。庭园中不论窗前、屋隅、路旁、岩际均可孤植或丛植；大型园林中更可辟建玉兰专类园，一到开花时玉树成林，琼花无际，更为诱人。该树对有毒气体有一定抗性，因此也适于厂矿绿化。

同属异种及变种品种：常见的同属植物有紫玉兰、黄山木兰、二乔木兰等。

①紫玉兰：又名木兰、辛夷、木笔。落叶灌木。小枝紫褐色。花大，紫色，外轮花被花萼状，较小。花蕾形如笔头。为庭园珍贵花木之一。

②黄山木兰：与玉兰相似，叶片倒卵形，先端尖或钝尖。花瓣基部带红色。聚合果圆柱形。花大而香，具有较高的观赏价值，是优良的绿化树种。

③二乔木兰：为玉兰与紫玉兰的杂交品种，其外轮花瓣的长度仅为内轮花瓣的一半左右。有较多的栽培变种和品种，在国内外庭园中栽培普遍，如大花二乔木兰、美丽二乔木兰和塔形二乔木兰。大花二乔木兰为灌木，花瓣外侧紫色或鲜红色，内侧淡红色，开花较早；美丽二乔木兰的花瓣外侧白色，有紫色条纹，花形较小；塔形二乔木兰的树冠呈柱形。

**12. 鹅掌楸**

木兰科，鹅掌楸属。别名马褂木。

形态特征：落叶乔木，高达 40 米，胸径 1 米以上。树皮交叉纵裂，芽覆2芽鳞。枝、叶无毛。叶马褂形，长6~12厘米，两侧各具1裂，先端微微凹陷。花单生枝顶，黄绿色，杯状，花径5~6厘米，花瓣9枚，外侧绿色，具黄色纵条纹。聚合果纺锤形，由多数上面具翅的小坚果组成，果翅先端钝或钝尖。花期5月，果实成熟期10月。

地理分布：产于我国长江以南地区，零星分布于海拔1700米以下的低山、丘陵、谷地的阔叶林中。目前各地庭园多有引种栽培。

生态习性：喜温暖、湿润的气候，不耐高温日灼，不耐干旱和水湿，稍耐阴。在酸性和偏酸性的深厚、肥沃的土壤上生长迅速，而在积水地带生长不良。深根性，根系发达，抗风力强，对二氧化硫有一定抗性。

繁殖栽培：播种繁殖，但发芽率较低，仅10%左右，而且不同来源的种子差异较大。10月果熟时采种，随采随播或藏至翌年春播，幼苗期适当遮阳。在温暖地带可于落叶后秋插，成活率可达80%以上。

园林用途：鹅掌楸树干端直，树冠庞大，树姿秀美。叶形奇特，秋叶橙黄，花如金盏，灿烂夺目，为优良的珍贵观赏树种。宜作庭园树，丛植、群植均合适。

同属异种及变种品种：常见的同属植物有北美鹅掌楸和杂交鹅掌楸。

①北美鹅掌楸：叶缘两侧偶有3~4裂。花瓣浅黄绿色。世界各国多植为园林树。栽培品种较多，常见的有“金边”、“全缘”、“帚状”等类型。

②杂交鹅掌楸：为鹅掌楸和北美鹅掌楸的杂交品种，叶形变化较大，生长迅速，长势旺盛，抗性强，是鹅掌楸类适应性最强的类型。

**13. 枫香**

金缕梅科，枫香属。别名枫树、路路通、三角枫。

形态特征：落叶大乔木，高达40米，胸径约1.5米。树皮块状剥落，树脂、树液及叶片均有橄榄气味。单叶互生，掌状3~5裂，基部心形，掌状脉3~5条。花单性同株，雄花排列成总状花序，无花被，雄蕊多数；雌花排列成头状花序，萼齿刺状，无花瓣，子房半下位，花柱两根。果序球形，蒴果2瓣裂，具宿存花柱及刺状萼齿。种子能育者具短翅，不孕性种子无翅。花期3月底，果实成熟期10月。

地理分布：产于我国淮河、秦岭以南各省，东部分布在海拔600米以下的低山及平地，西南部可分布至海拔1000~1600米的山地地带。

生态习性：强阳性树种。喜温暖湿润的气候，耐干旱，也耐水湿，并耐火烧。深根性，抗风力强，适应性强，多生于酸性或中性土壤中。速生，萌芽性强，易于天然更新。对二氧化硫、氯气有较强抗性。

繁殖栽培：种子萌发性较强，可播种育苗，也可直播造林，或与松树混交。

园林用途：枫香树形高大挺拔，气势壮观，树姿高雅。春季嫩叶紫红，夏叶苍绿，秋叶鲜红，可与其他树种配置成优美的秋色景观。常作为行道树或风景树，群植或片植皆宜。

**14. 杜仲**

杜仲科，杜仲属。

形态特征：落叶乔木。树冠呈圆形或圆锥形，小枝具片状髓心，树皮、树叶及果实撕裂后有银白色细胶丝。叶互生，卵状椭圆形，有锯齿，网脉明显下陷。花雌雄异株，先叶开放，无花被。翅果扁平，长椭圆形。花期3~5月，果实成熟期7~9月。

地理分布：为我国特产树种，分布在华中和西南暖温带气候区内，以四川、贵州、湖北为集中产区。

生态习性：适应性强，耐寒，喜光，喜温暖湿润的气候和肥沃、湿润、深厚而排水良好的土壤。在酸性和弱碱性土壤上均能生长，萌芽性强，生长速度中等。

繁殖栽培：主要为播种繁殖，也可扦插、压条、分蘖繁殖，还可利用起苗后的余根进行插根繁殖。播种于翌年2~3月进行，播前用45℃温水浸种2~3天，播后盖草，约15~30天出苗。扦插于初夏用嫩枝扦插，成活率可达80%以上。移植宜在落叶后萌芽前进行，吸肥能力强，多施肥可加速生长，大苗移植需带泥球。根颈处易生萌蘖枝，宜及时剪除。

园林用途：杜仲树形整齐，枝叶繁茂，树冠庞大，生长迅速，适应性强，宜作为庭园观赏树和行道树，是园林绿化的理想树种。

**15. 海棠**

蔷薇科，苹果属。别名海棠花。

形态特征：落叶小乔木。树形挺拔。树皮灰褐色。叶椭圆形，表面呈亮绿色。花4~8朵簇生，未开时为红色，绽开后渐褪为淡粉红色，多为复瓣，也有单瓣的。果实近球形，黄绿色或黄红色。花期自2月下旬至5月上旬，果实成熟期8~9月。

地理分布：原产我国，多分布在河北、陕西、浙江、云南及四川等地。

生态习性：喜光，对寒冷及干旱适应性强，不耐水湿。喜深厚、肥沃与疏松的土壤，对盐碱土壤有一定耐力，也适于在沙滩地栽培。

繁殖栽培：可用播种、压条、分株和嫁接繁殖。多用嫁接繁殖，以海棠果、湖北海棠为砧木，芽接或枝接均可。压条、分株繁殖多于春季进行。

园林用途：为我国久经栽培的著名观赏树种，在地势较高、背风向阳处均能栽植，常用于美化园林、绿地、街道、厂矿、庭园及风景区，可孤植、丛植、行植及群植。

同属异种及变种品种：主要有两种常见的栽培变种，即红海棠和白海棠。

①红海棠：花形较大，粉红色，重瓣，叶较宽大。

②白海棠：花白色或略有红晕，重瓣。

有同属植物20余种，多数可观赏，常见的有西府海棠、垂丝海棠和贴梗海棠。

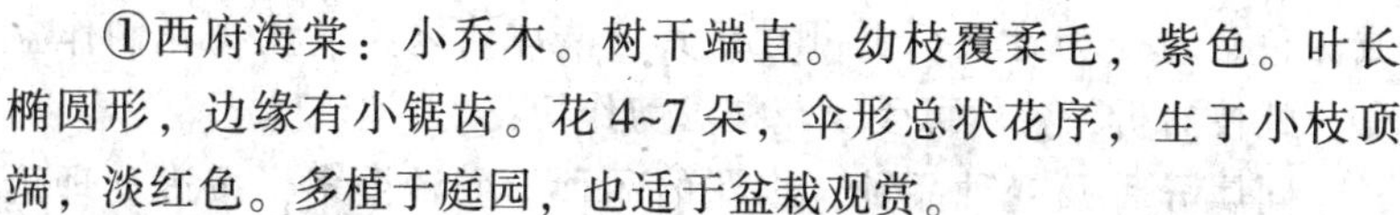

①西府海棠：小乔木。树干端直。幼枝覆柔毛，紫色。叶长椭圆形，边缘有小锯齿。花 4~7 朵，伞形总状花序，生于小枝顶端，淡红色。多植于庭园，也适于盆栽观赏。

②垂丝海棠：树冠较疏散。枝叶展开，紫色。叶卵形或长圆状卵形。花红色，具细柄，花朵下垂，别具风韵。温暖地带多庭园栽培，寒冷地带多盆栽观赏。有重瓣、白花等变种。

③贴梗海棠：为落叶灌木，有刺。花粉红色，先叶开放或与叶同开。适于在庭园墙隅、路边、池畔种植，也可盆栽观赏。

**16. 梅**

蔷薇科，梅属。别名春梅、干枝梅、红梅、绿梅。

形态特征：落叶小乔木或大灌木。树冠开张。新梢光滑，绿色或带红褐色。叶互生，广卵形至卵形，长 4~6 厘米，边缘有细齿，幼嫩时两面覆盖短柔毛，后渐脱落。花着生于 1 年生枝叶腋，单生或两朵簇生，有白色、红色、粉红等颜色，单瓣至重瓣，具芳香。雄蕊多数，花丝较长；雌蕊一个或数个。核果近球形，有纵沟，嫩时绿色或带暗红晕，熟时变黄，味酸。重瓣品种不结果或少结果。根据栽植地区气候的不同，花期自 12 月至翌年 4 月，果实成熟期 5~6 月。

地理分布：原产我国，有 4 个分布次中心：即川东、鄂西山区，鄂东、赣东北、皖、浙山区，两广、赣南山区和闽、台山区。

生态习性：阳性树种，喜温暖的气候，较耐寒。喜空气湿润，但花期忌暴雨。较耐旱，不耐涝，积水数日就会产生大量落叶或使根系腐烂致死。对土壤要求不严，耐瘠薄，以中性、微碱性的黏质壤土为最好，忌在风口栽培。

繁殖栽培：常用嫁接、扦插繁殖，也可用压条或播种繁殖，嫁接砧木可采用桃、梅、杏、山杏或山桃。宜定植 2~5 年生大苗，修剪以疏枝、轻剪为主。

园林用途：梅花苍劲古雅，疏枝横斜，早春吐蕊，暗香浮动，素被称为岁寒三友之一。在园林绿地、庭园景区可孤植、丛植或群植，也可于屋前、坡上、石际、路边自然配植。如以常绿乔木或深色建筑作为背景，更可衬托其玉洁冰清之美。用梅花制作盆景，虬枝曲折，盎然可爱。花枝可剪作切花。

同属异种及变种品种：梅花的品种、变种繁多，按进化理论及园林应用可分为 3 系、5 系或 16 系，如真梅系、杏梅系、樱李梅系等。目前我国共有栽培品种 300 多个，以长江流域栽培较多。

**17. 碧桃**

蔷薇科，李属。别名花桃、春桃。

形态特征：落叶小乔木，株高可达 6 米。树冠广卵形，树皮灰褐色，枝条多直立生长。叶长椭圆状披针形，单叶互生，边缘有细锯齿。花分单瓣、重瓣，有白色、红色、粉红、紫红及红白相间等多种颜色。核果广卵圆形，有些品种只开花而不结果。花期 3~4 月，果实成熟期 6~9 月。

地理分布：全国各地广泛栽培，主要产于西北、华北、华东、西南等地区。

生态习性：适应性很强，耐低温，生长最适温度为 20~25℃。喜温暖、向阳、土壤湿润、排水良好的立地环境，最忌低洼积水。

繁殖栽培：以嫁接繁殖为主。砧木可用实生苗，采用劈接或盾形芽接。劈接在春季进行，接穗选用 1 年生的充实枝条，嫁接后应细致管理；芽接在 8 月进行。苗期应注意整形修剪，培育优美的树形。移植可选在春季或秋、冬季落叶后，秋季基施有机肥，生长季节施追肥，促进植株健壮生长和花芽分化。

园林用途：碧桃树姿清丽秀雅，花色娇艳。常植于山坡、河畔、墙际、庭园或草坪边缘，或成丛成片群植形成佳景，有桃园、桃溪、桃花坞、桃花源等美称。桃花与柳树配植，可形成桃红柳绿的景观。

同属异种及变种品种：碧桃为观赏桃的变种之一，品种繁多，在我国已有 3000 多年的栽培历史。其他变种还有红碧桃、白碧桃、垂枝桃、寿星桃等。其中寿星桃植株矮小，节间极短，小枝绿色带红褐斑。花大，白色或粉色，半重瓣或重瓣，花期较晚。

### 18. 樱花

蔷薇科，樱属。别名山樱花。

形态特征：落叶小乔木或灌木。树冠卵圆形至圆形。冬芽枝端丛生或单生，单叶互生，叶先端尾状，叶缘具重锯齿或单锯齿，短刺芒状，叶柄上常有 2~4 个腺体。花单生或 3~6 朵簇生，呈伞形或伞房状花序，与叶同时长出或先叶后花，花白色或淡红色，萼筒钟状，栽培品种多为重瓣。核果红色或黑色。花期 4 月，果实成熟期 7 月。

地理分布：产于我国长江流域，在日本、朝鲜也有分布。栽培变种十分丰富，多数为重瓣，有红色、白色、粉红和玫瑰红等多种颜色。

生态习性：对气候、土壤的适应范围较广。喜光，耐寒，抗旱，在深厚肥沃而排水良好的土壤上生长良好，浅根系。

繁殖栽培：嫁接繁殖。砧木可用樱桃、尾叶樱、山桃等实生苗。栽培管理简易。

园林用途：为重要的观花树种。可大片栽植营造“花海”景观，或三五成丛点缀绿地形成锦团，也可孤植形成“万绿丛中一点红”之画意。此外还可作行道树、绿篱或制作盆景。

同属异种及变种品种：常见的同属植物有东京樱花、日本晚樱、日本早樱和大山樱。

①东京樱花：落叶乔木，高 15~25 米。树皮暗栗褐色，光滑。叶卵形或卵状椭圆形，边缘具细尖的锯齿。花白色或粉红色，直径 2.5~4 厘米，萼筒管状，花期 4 月。我国长江流域及华北地区多有栽培。

②日本晚樱：高约 10 米。树皮淡灰色。叶倒卵形，边缘具长芒状齿。花单瓣或重瓣，粉红色或近白色，下垂且有芳香，2~5 朵聚生，花期 4 月。我国长江流域栽培较多。

③日本早樱：小乔木，高约 5 米。小枝褐色，叶倒卵形至卵状披针形。花粉红色，直径 2~2.5 厘米，2~5 朵呈伞形花序。开花较早，春季先叶开花。在我国栽培相对较少。

④大山樱：高 12~20 米。树皮褐色。小枝紫褐色，叶椭圆状卵形。花粉红色，2~4 朵簇生，直径 3 厘米左右，花期 3~4 月。耐寒性较强。我国华北地区有栽培。

**19. 合欢**

含羞草科，合欢属。别名夜合树、绒花树、马缨花。

形态特征：落叶乔木，高达 16 米。树皮灰褐色，浅纵裂。小枝粗而疏生，褐绿色，具棱。树冠展开呈伞形。二回偶数羽状复叶互生，羽片 4~12 对，小叶镰状长圆形，全缘，昼开夜合。头状花序排列成伞房状，花丝下部呈红色绒缨状，酷似“马缨”。荚果呈带状，扁平。花期 6~7 月，果实成熟期 9~10 月。

地理分布：原产我国黄河、长江及珠江流域各地，日本、朝鲜及东南亚、东非也有分布。

生态习性：喜光，耐寒，不耐水湿，稍耐阴。耐干燥和瘠薄的土壤，适生于平原肥沃、湿润、排水良好的沙壤土和石灰岩山地。生长速度快，分枝低。浅根性树种，不耐修剪，不耐日晒。

繁殖栽培：以播种繁殖为主。10 月份采种后经日晒干藏，翌年 3~4 月播种。播前用 60~70℃热水浸种 24 小时后保温催芽 10 天左右，播后 5~7 天即可出苗。育苗期要及时修剪侧枝，以保持主干通直。移植时重修剪，立支架以防被风吹倒，注意雨季排涝。

园林用途：合欢树姿优美，绿阴如伞。小叶昼开夜合，别有韵味。开马缨状绒花，是极好的夏季观花树种。可取其树态倾斜，植于山坡或池塘边，绿叶红花，姿态轻盈。也可作为行道树，夏季绒花满树，颇有特色。

**20. 金叶皂荚**

苏木科，皂荚属。别名金叶美国皂荚、金叶三刺皂荚。

形态特征：落叶乔木，高达 15~30 米。树冠扁球形，枝无刺。羽状复叶，小叶 5~16 对，长椭圆状披针形，边缘疏生细圆齿，长 3~8 厘米。春季全株新生叶为金黄色，鲜艳有光泽，可持续 3~5 周，此后下部叶片逐渐转绿，梢部新叶仍保持金黄色，秋季叶片全部转为黄褐色。总状花序腋生。荚果扁平，长 12~30 厘米，棕黑色，覆白粉。花期5~6月，果实成熟期10月。

地理分布：金叶皂荚为原产美国东部和中部的美国皂荚的园艺栽培变种，近年自欧洲引入，目前为我国引种繁殖阶段。

生态习性：喜光，耐寒，耐旱，稍耐阴。喜温暖湿润的气候及深厚、肥沃的土壤，但对土壤要求不严，在石灰性土、盐碱土甚至黏土或沙土上均能正常生长。深根性树种，生长速度较慢，寿命较长。

繁殖栽培：嫁接繁殖。以皂荚1年生苗为砧木，可在早春枝接，成活率达90%以上；也可在生长期枝接，嫁接苗当年可长到60厘米以上。为防止枝条斜长，应立竿支撑。

园林用途：金叶皂荚树冠广阔，叶色秀美，是优良的庭园树和景观树种。由于生长缓慢，可作为色叶小乔木配植在园林中，以常绿乔木为背景，成片种植形成前浅后深的色彩层次，十分美丽。在我国黄河流域及以南地区均可应用。

**21. 槐树**

蝶形花科，槐属。别名国槐。

形态特征：落叶乔木，高达25米，胸径1.5米。小枝平滑，绿色，有明显的淡黄褐色皮孔，无顶芽，侧芽为叶柄下芽。奇数羽状复叶，互生，小叶7~15对，全缘，卵形或卵状披针形，先端尖，下面有白粉及平伏毛；叶轴微有毛，托叶钻状，早落。花圆锥花序顶生，黄白色。荚果串珠状，长2~8厘米，直径1~1.5厘米，熟时肉质，黄绿色，不裂，于种子间缢缩。种子肾形，黑褐色。花期7月，果实成熟期10月。

地理分布：全国各地普遍有栽培或野生，多见于山腰，村落、厂矿附近也有栽培。

生态习性：中等喜光，较耐旱。对土壤要求不严，喜深厚、湿润、肥沃、排水良好的沙壤土，在酸性、中性及石灰性土壤上均能生长，忌低洼积水。对二氧化硫等有害气体抗性较强。深根性，萌芽性强。

繁殖栽培：播种繁殖。果实成熟后采种，浸泡并搓去果皮，可秋播，也可春播。干燥种子在播前用80~90℃热水浸种4~6小时后堆积催芽。播后勤养护，多施肥，易形成强大的根系，促进地上部分的快速生长。

园林用途：槐树树冠宽广，枝叶浓密，树姿美观，寿命长且抗性强，耐烟尘，宜作为城市绿化树种。

变种及品种：变种龙爪槐，又名盘槐，小枝弯曲下垂，树冠呈伞形，在园林中栽培较多。多以4~5年生槐树大苗作砧木进行嫁接繁殖。

**22. 香花槐**

蝶形花科，刺槐属。

形态特征：落叶乔木，高8~10米。树干通直，树皮褐色。叶柄下芽，奇数羽状复叶，小叶对生，15~17枚，长卵形或近椭圆形，先端圆，具短芒尖，基部微凹，全缘，纸质。托叶刺状。花蝶形，粉红色或紫红色，总状花序下垂；一年开两次花，第一次在5月，花期20天左右，第二次在7~8月，花期约40天；具芳香，不结果。

地理分布：原产北美。我国近年引种栽培，南北各地均有。

生态习性：喜光，耐寒，在华北及东北南部地区能安全越冬。耐瘠薄干旱，在瘠薄干旱的山地生长优于刺槐，在石灰性土和轻盐碱土上也生长良好。

繁殖栽培：埋根繁殖。春季将1~2年生根剪成6~8厘米长的根段，埋入苗床中，覆土2~3厘米，保持床土湿润，成活率可达90%以上。当年苗高可达2米左右，第二年高3~4米，树冠1~1.5米，并大量开花。此外可用刺槐作砧木进行嫁接繁殖，因刺槐的根蘖性很强，故应及时去除。

园林用途：香花槐生长迅速，对土壤适应性强。花美丽，具芳香，花期长，是优良的园林绿化树种，可广泛用于园林布景和草坪、假山、建筑物周围点缀，也可用作行道树。

**23. 香椿**

楝科，香椿属。别名椿树。

形态特征：落叶乔木，高达 25 米，胸径 70 厘米。树皮呈不规则条状纵裂，片状剥落。枝条粗壮，红褐色或灰褐色。羽状复叶互生，长 25~50 厘米，有香味，小叶 10~22 枚，对生，矩圆状披针形，长 8~15 厘米，基部不对称，叶缘有锯齿。花两性，圆锥花序顶生，白色，具芳香。蒴果狭椭圆形或近卵圆形，长 1.5~2.5 厘米，5 瓣开裂，中轴大。种子上端具膜质长翅。花期 5~6 月，果实成熟期 10 月。

地理分布：原产我国，在辽宁南部以南各省、自治区均有分布，主要垂直分布于海拔 1500 米以下的平原和丘陵地区。

生态习性：喜光，不耐阴，喜深厚、肥沃的沙壤土，对土壤酸碱度要求不严，在石灰性土壤上生长良好。较耐水湿，多在溪谷、宅旁、冲积平原地带生长。

繁殖栽培：主要采用播种繁殖，分蘖、扦插、埋根繁殖均可。秋季采种后去杂干藏，翌年春播，播前用温水浸种使其提前发芽，出苗整齐。幼苗期要保持湿润，注意排水良好。春季萌芽前移植，移植后及时摘除萌条。

园林用途：香椿枝叶茂密，树冠庞大，嫩叶鲜红，可作为良好的庭园树和行道树。它既是低山、丘陵和平原地区珍贵的速生树种，也是优良的绿化树种。

**24. 臭椿**

苦木科，臭椿属。

形态特征：落叶乔木，高达 30 米。小枝粗壮。奇数羽状复叶互生，小叶 13~41 枚，披针形或卵状披针形，上部全缘，近基部有1~3 对粗腺点，有臭味。花圆锥花序顶生。翅果扁平，纺锤形，长 3~5 厘米。种子 1 粒，位于翅果中部。花期 6 月，果实成熟期 9~10 月。

地理分布：广泛分布于辽宁南部以南地区，在海拔 500 米以下的向阳山坡、溪谷、村庄及路边均有野生或栽培。

生态习性：强阳性树种。能适应恶劣的环境，耐干旱瘠薄，在中性或酸性土及沙地、河滩上均能生长，而且在含盐量 0.2%~

0.3%的盐碱土上也生长良好。喜钙质土，能在石缝中生长，为石灰岩山地的常见树种。对烟尘和二氧化硫等抗性较强。深根性，萌芽性强，生长较快。

繁殖栽培：以播种繁殖为主。种子采收后干藏，春季播种，播前用40℃温水浸种24小时，播种量为每亩5~8千克。可用平桩法培养高干大苗。春季移植最佳时间为苗木上部壮芽膨大呈球状时，移植时适当深栽。

园林用途：臭椿树干通直高大，树冠圆整，秋季红果满树，是优良的庭园树和观赏树，可作为城市、厂矿和农村的绿化树种。

**25. 重阳木**

大戟科，重阳木属。别名秋枫、红桐、重阳乌柏。

形态特征：落叶乔木。树皮褐色，纵裂。3出复叶互生，小叶卵圆形或椭圆状卵形，具细钝锯齿。花单性，雌雄异株，总状花序下垂。浆果圆形，直径5~7毫米，红褐色。种子黑色。花期4~5月，果实成熟期10~11月。

地理分布：产于我国秦岭、淮河流域以南地区，长江中下游平原常见栽培。

生态习性：喜光，喜温暖的气候，耐水湿。对土壤要求不严，在湿润、肥沃的土壤中生长迅速。根系发达，抗风能力强，对二氧化硫有一定抗性。

繁殖栽培：播种繁殖。果实采收后用水浸泡并搓烂果皮，淘洗种子，晾干后低温储藏，于翌春2~3月播种，上盖草，20~30天可发芽。移植于萌动前带泥球进行。

园林用途：重阳木树形高大优美，枝叶茂密，早春嫩叶鲜绿光亮，秋叶鲜红，颇为美丽。它可作为优良的庭园绿化树种和行道树，也可在草坪、湖畔、溪边丛植点缀，形成壮丽的秋景。

**26. 乌柏**

大戟科，乌柏属。

形态特征：落叶乔木，高达20米，具有毒乳液。小枝细长。单叶互生，近菱形或菱状卵形，全缘，无毛。叶柄顶端具两个腺体。花单性，雌雄同株，雄花为聚伞花序，集生成总状复花序。蒴果扁球形，成熟时黑褐色。种子黑色，外覆白蜡固着于中轴上。花期 5~7 月，果实成熟期 10~11 月。

地理分布：主要产于我国长江流域及其以南地区，垂直分布在海拔 500 米以下的山地中。浙江、湖北、四川栽培比较集中。

生态习性：喜温暖的气候，喜光，耐水湿，不耐干旱瘠薄，多生于田边、溪旁。对土壤的适应性广，在酸性土、中性土、钙质土及含盐量 0.3%以下的盐碱土上均能生长。主根发达，抗风、抗火烧，对氯气、二氧化硫等有毒气体具有抗性并具吸附粉尘的功能。

繁殖栽培：播种繁殖。种子采收后干藏，翌年早春播种，播种量每亩约 10 千克，发芽率 70%~80%。乌桕树干不易长直，育苗过程中可采取适当密植、剪除侧芽及增施肥料等措施。萌芽前春暖时带泥球移植，小苗可裸根栽植。

园林用途：乌桕树冠整齐，树形优美，秋叶鲜红，冬季白色的桕子挂满枝头，为优良的绿化树种。植于水边、池畔、坡谷、草坪都很适宜，可用作护堤树、庭园树和行道树。

同属异种：其同属异种山乌桕，叶卵状披针形，树形优美秀丽，秋叶鲜红，生长较快，为很有前景的观赏树种，适于山地风景区绿化。

### 27. 鸡爪槭

槭树科，槭树属。别名青枫、雅枫、槭树。

形态特征：落叶小乔木。小枝细瘦，紫色或灰紫色。叶对生，掌状 7~9 裂，边缘有重锯齿，嫩叶青绿色，秋叶鲜红。花杂性，紫红小花组成伞房花序。翅果展开成钝角，向上弯曲，幼时紫红色，成熟后棕黄色。花期 4~5 月，果实成熟期 10 月。

地理分布：原产我国长江流域，北达山东、南至浙江均有分布。日本及朝鲜南部也有栽植。

生态习性：喜温暖、湿润、半阴的环境和疏松、肥沃的土壤。不耐水湿，较耐干旱。在太阳西晒的地方生长不良。

繁殖栽培：播种繁殖。10 月种子采收后即可播种，或将种子用湿沙层积至翌春播种。播后覆土 1~2 厘米，浇透水并盖上稻草，出苗后分次揭草。如种子数量少可采用盆播，以腐叶土作盆土，播后覆盖苔草或松针，放于冷室内。优良园艺品种多采用嫁接繁殖，一般用靠接、枝接和芽接等法。如对砧木作高接处理，即将砧木于 50~80 厘米处截断并单芽腹接，成活率高，当年就可成苗。苗木移植应选择阴湿、肥沃的土地，在秋、冬落叶后春季萌芽前进行。移植时中小苗要带宿土，大苗需带泥球。

园林用途：鸡爪槭树姿优美，叶形秀丽，秋叶鲜红，其园艺品种甚多，均为珍贵的观叶佳品。在园林中植于溪边、池畔、路隅、墙垣，颇有自然淡雅之趣。槭类中的一些小叶树种可作盆栽，制作盆景，又是制作切花的重要材料。

变种品种：经人工选育而成的变种品种很多，其中栽培较多的有红枫、羽毛枫和日本鸡爪槭。

①红枫：即紫红叶鸡爪槭。枝条紫红色。叶掌状，分裂较深，紫红色。

②羽毛枫：即细叶鸡爪槭。枝条展开下垂。叶掌状，深裂达基部，裂片有皱纹，入秋叶色较红。

③日本鸡爪槭：系彩叶新品种。枝条直立。叶 3~5 裂，春季新叶泛红，秋季为绚丽的红色，持续时间长。

**28. 秀丽槭**

槭树科，槭树属。

形态特征：落叶乔木，高 9~15 米。小枝圆柱形，多年生枝条为深紫红色。叶片纸质，基部心形，掌状 5 裂，裂片边缘有锯齿。花杂性同株，紫红色，圆锥花序顶生。翅果幼时淡红色，成熟后淡黄色。花期 4~5 月，果实成熟期 10 月。

地理分布：原产浙江山区、安徽南部和江西等地，多分布于海拔 500~900 米的山谷溪边林中。

生态习性：较喜光，不耐水湿，在疏松、肥沃、排水良好的微酸性土壤上生长良好，生长速度中等。

繁殖栽培：播种繁殖。秋季采种后干藏，在0~5℃条件下层积30天可解除发芽障碍，在30℃（昼）、15℃（夜）的变温条件下培育15天，发芽率可达84%。第二年春季播前用60℃温水浸种，混湿沙催芽，待部分种子发芽时再播种。

园林用途：秀丽槭树干通直光滑，树姿优美，叶形秀丽，秋叶黄色，树皮深绿色，为优良的观赏树种。可嫁接红枫，宜作行道树和红翅槭、红枫的搭配树种。

**29. 七叶树**

七叶树科，七叶树属。别名天师栗、猴板栗、梭椤树。

形态特征：落叶乔木，高达25米。树枝光滑粗壮。顶芽大，有四芽鳞交互对生。掌状复叶对生，小叶5~7枚，厚纸质，倒披针形至长椭圆形。花小呈白色，圆锥花序顶生，呈圆柱状直立。蒴果球形，顶部扁平，黄褐色，密生疣点。花期5月，果实成熟期9~10月。

地理分布：产于我国黄河流域和华东地区，现各地园林都有栽培。

生态习性：喜光，稍耐阴，较耐寒，不耐干旱，不耐日晒。幼树喜阴，喜冬暖夏凉与湿润的气候，在偏酸性土中生长发育良好，以深厚、肥沃和排水良好的沙质壤土为宜。深根性，生长缓慢，寿命较长。

繁殖栽培：以播种繁殖为主。种子含水量高，活力差，宜随采随播或带果皮拌沙低温储藏至翌年春播。注意播种时种脐向下，因幼苗出土能力弱，覆土3~4厘米即可。播后25~30天发芽，苗期要遮阳，秋季落叶到翌年春季萌芽前移植。幼树移植后做好草绳缠干工作和适当遮阳，防止出现灼皮枯叶的现象。

园林用途：七叶树树形优美，枝叶扶疏，冠如华盖，开花时硕大的花序似华丽的大烛台，颇为壮观，因而一直被誉为世界四大行道树种（悬铃木、椴树、榆、七叶树）之一。该树宜种植在傍山近水处，可在庭园或风景区中作行道树，也可孤植于大草坪边缘作景观树。

同属异种：主要有红花七叶树、欧洲七叶树和云南七叶树等。

①红花七叶树：原产北美洲。叶子相对较小。圆锥花序，花深红色，适生于我国华北、长江流域、华南地区。

②欧洲七叶树：花期5~6月，花瓣白色，基部有红黄斑。适应性强。原产希腊北部和阿尔巴尼亚山区，现我国北京、杭州、上海、青岛等地有栽培。

③云南七叶树：花大，白色。中国特有树种，为国家三级保护渐危种。现仅分布于云南南部。

**30. 全缘叶栾树**

无患子科，栾树属。别名黄山栾树、灯笼树、山膀胱。

形态特征：落叶乔木。树皮深灰褐色，呈片状剥落。小枝深褐色。树冠伞形或圆球形。二回羽状复叶，互生，小叶7~11枚，长3~10厘米，全缘无锯齿。花金黄色，大型圆锥花序。蒴果三角状卵形，由膜状果皮结合成灯笼状，秋季果皮呈红色。花期8~9月，果实成熟期10月底至11月。

地理分布：产于我国长江流域及其以南地区，主要分布于浙江、江苏、安徽、江西及广东、广西等地。

生态习性：阳性树种。半耐阴，较耐寒，耐旱。喜生长于石灰性土壤，也能耐盐渍性土，在干燥瘠薄的土壤上可生长良好。耐短期水湿。适应性强，深根性，萌芽性强。生长速度中等，幼时较缓，以后渐快。抗风，对粉尘、二氧化硫、臭氧均有较强抗性，枝、叶均有杀菌功能。

繁殖栽培：以播种繁殖为主，也可采用分蘖繁殖。秋季采种后直接播种，也可将种子用湿沙层积后春播。分蘖繁殖为利用根际萌蘖分植新株。栽培移植要带宿土，于春季刚萌芽时进行，成活后任其自然生长便可形成理想的树冠。

园林用途：全缘叶栾树树冠优美，枝叶繁茂秀丽，春季嫩叶红色，夏花满树金黄，花形奇特似灯笼，果色嫣红悦目，是常用的庭园观叶、观果树种，也适宜作行道树和厂矿绿化树种。

同属异种：常见的同属树种有栾树。落叶乔木。小枝灰色，密生皮孔。二回羽状复叶，小叶 9~10 枚，边缘有不整齐的锯齿。

**31. 无患子**

无患子科，无患子属。别名肥皂树。

形态特征：落叶乔木，高达 10~15 米。树冠圆球形或伞形，枝条展开。树干灰白色，平滑不裂。小枝密生皮孔。偶数羽状复叶。小叶互生，卵状长椭圆形，两侧不等齐，全缘，网脉明显。圆锥花序顶生，主轴和分枝有茸毛；花小，黄白色。核果球形，熟时淡黄色。种子球形，黑色，坚硬。花期 5~7 月，果实成熟期 10~11 月。

地理分布：分布于我国淮河流域及以南地区，常生于山林坡地中。

生态习性：喜光，稍耐阴。喜温暖、湿润的气候，对土壤要求不严。有一定的耐寒性，耐干旱，不耐水湿。生长速度较快。深根性，抗风力强，萌芽性弱，不耐修剪。

繁殖栽培：播种繁殖。11 月于果皮变黄亮时采摘果实，浸泡搓去果皮，阴干后层积冬贮。翌年 3 月上旬播种，翻耕苗圃地，施足基肥，平整苗床。条播，行距约 25 厘米，株距约 12 厘米，播种量每亩约50 千克。播后覆土 3~4 厘米，等苗出齐后松土除草，追肥 2~3 次，并做好排水防渍和浇水抗旱工作。自秋季落叶到翌春萌芽前可移植，1 年生苗的株、行距分别约为 60 厘米、80 厘米。定植后确定一主干并保持其长势，及时去除萌发的侧枝。

园林用途：无患子树形优美，深秋树叶变黄凋落，形成美丽的黄叶景观，为较优良的庭园树和行道树。可孤植于草坪中，或列植于干道，或配以其他色叶和常绿树种，形成四季绚丽的风景。

**32. 灯台树**

山茱萸科，梾木属。别名女儿木、六角树、鸡肫皮等。

形态特征：落叶乔木，高达 10~15 米。树干端直。分枝呈层状，平展，深紫红色。叶互生，宽卵形至卵状椭圆形，表面绿色，背面灰绿色，集生于枝顶。伞房状聚伞花序生于新枝顶端，长约 9 厘米，花小，白色。核果近球形。花期 5~6 月，果实成熟期 9~10 月。

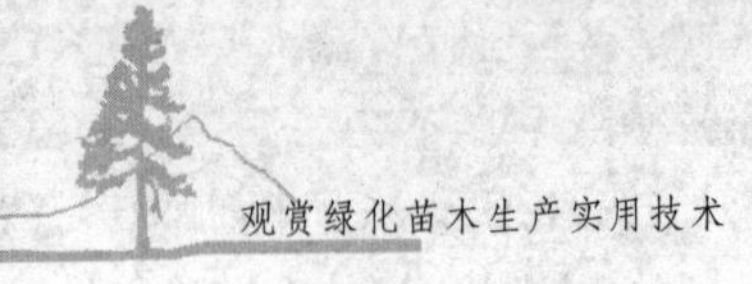



地理分布：自然分布于我国南方各省。

生态习性：深根性树种。喜温湿，较耐寒，对空气的湿度要求较高，在海拔500~1600米的地区生长良好。

繁殖栽培：播种繁殖。冬季播种，翌春清明前后出苗；春播则冬季必须进行沙藏。宜选土层深厚、水源便利、疏松肥沃、湿润且排水良好的酸性或微酸性沙质土播种育苗。苗木移植需带宿土，不宜种植在风口处。

园林用途：灯台树树姿优美奇特，形如灯台，叶形秀丽，白花素雅，绿叶红果，具有很高的观赏价值，是公园、庭园、街道、风景区极好的园林绿化树种。

**33. 光皮树**

山茱萸科，梾木属。别名光皮梾木、斑皮抽水树。

形态特征：落叶乔木。树皮白色带绿，疤块状剥落后形成明显的斑纹。叶对生，椭圆形至卵状椭圆形，基部楔形，背面密覆乳头状小突起和灰白色短柔毛。花小，白色。核果球形，紫黑色。花期5月，果实成熟期10~11月。

地理分布：原产我国，广布于长江流域以南及西南地区。

生态习性：较喜光，耐寒，耐热。喜生于石灰岩的林间，在排水良好、湿润肥沃的土壤中生长旺盛。深根性，萌芽性强。

繁殖栽培：播种繁殖。种子采收后洗净沙藏，冬播或翌年春播。苗木移植宜在春季，小苗需带宿土，大苗需带泥球。由于萌芽性强，应及时修去徒长枝、根蘖枝、重叠枝，使树冠整齐，通风透光。主要害虫有刺蛾、大蓑蛾等。

园林用途：光皮树树干挺秀，树皮斑斓，枝叶繁茂，初夏满树银花，是理想的庭园树。

**34. 黄连木**

漆树科，黄连木属。

形态特征：落叶乔木，高达25米，胸径1米。树冠开阔呈扁圆形。树皮灰色，纵裂呈碎片状剥落。冬芽红褐色，鳞脊突出。枝叶具有特殊气味。偶数羽状复叶（小树为奇数羽状复叶），小叶

7~16 枚，披针形或卵状披针形，基部偏斜，深绿色，秋季转红色。雌雄异株，雄花为丛生总状花序，淡绿色，无花瓣；雌花为圆锥花序，紫红色。核果球状倒卵形，略扁，蓝紫色，若红而不紫则为空粒。花期 4 月，果实成熟期 11 月。

地理分布：我国黄河流域以南均有分布，散生于低山丘陵及平原地区。

生态习性：阳性树种。稍耐阴，耐瘠薄干旱。对土壤要求不严，以湿润肥沃而排水良好的石灰岩山地生长最好。深根性，主根发达，抗风力强，萌芽性强，生长缓慢。对二氧化硫、氯气和烟尘有较强抗性。

繁殖栽培：播种繁殖。秋季采收成熟果实，选取饱满种子洗净晾干后即可播种。移植栽培注意保护树形，一般不加修剪。

园林用途：黄连木树冠浑圆，叶片秀丽繁茂，秋季变红，是城市及风景区的优良绿化树种。宜作行道树、庭园树及山林风景树。园林中植于草坪、坡地或山石边均适宜。

**35. 南酸枣**

漆树科，南酸枣属。

形态特征：落叶乔木，高达 8~20 米。树皮灰褐色，浅纵裂呈片状剥落。奇数羽状复叶，互生，长 20~30 厘米，小叶对生，纸质，长圆形至长圆状椭圆形，顶端长渐尖，基部偏斜，全缘。花杂性异株，雄花淡紫色，圆锥花序；雌花较大，单生于枝条上部叶腋。果实椭圆形，具核。花期 4~5 月，果实成熟期 9~11 月。

地理分布：分布于湖北、湖南、广东、广西、贵州、云南、福建、江西、浙江、安徽等省、自治区。

生态习性：喜温暖、湿润的气候，不耐寒。喜土层深厚、排水良好的酸性及中性土壤。生长快，宜植于山谷、沟边等地。适应性强，对二氧化硫和氯气有较强抗性。

繁殖栽培：播种繁殖。秋季采收种子，堆沤 10 余天后洗去果肉，晾干湿沙藏，翌年播种，也可秋播。播前用 50℃温水浸种 1~2 天催芽，播种量每亩 40~50 千克。播时注意将有孔的一端朝上，当年生苗木高度可达 1.5 米以上。春季芽萌动前带泥移植，随移随栽。

园林用途：南酸枣树体高大端直，冠大形美，生长迅速，是优良的园林绿化和行道树种。孤植或丛植于草坪、坡地、水畔或与其他树种混交成林均适宜。

36. 紫薇

千屈菜科，紫薇属。别名百日红、痒痒树。

形态特征：落叶灌木或小乔木，高达 7 米。树冠不整齐，枝干多扭曲。树皮淡褐色，呈薄片状剥落后树干特别光滑，故称无皮树。幼枝微显四棱，有时有狭翅，无毛。单叶对生或近对生，椭圆形至倒卵状椭圆形，先端尖或钝，基部广楔形或圆形，全缘，无毛或背脉有毛，具短柄。花浅红色或紫红色，花瓣 6 枚；萼外光滑，无纵裂；呈顶生圆锥花序。蒴果近球形，6 瓣裂，基部有宿存花萼。花期 6~9 月，果实成熟期 10~11 月。

地理分布：原产于亚洲南部和澳大利亚北部，我国为分布中心和栽培中心。

生态习性：喜温暖、湿润的气候，喜光，稍耐阴，有一定的抗寒与耐旱力。喜石灰性土壤和肥沃的沙壤，在黏性土壤上也能生长，但速度缓慢，低洼积水处易烂根。萌芽性强，抗污染性强，寿命长。

繁殖栽培：采用播种、扦插和分株法繁殖，以扦插法较好，成活率高，成株快，开花早。扦插于 6 月份进行，选取 1 年生木质化较好且无病虫害的壮枝，消毒后剪成长 15 厘米的插穗，保留上部 2~3 枚叶子，扦插深度10 厘米左右，覆盖保湿遮阳膜 45 天可生根。待插穗长出新芽后撤膜，逐渐接受光照，两个月后开始施肥。扦插苗苗床越冬要做好防寒保温工作，翌年 4 月移苗定植。

为促使多开花，提高造景效果，杭、嘉、湖地区把“截干养拳”栽桑法运用到紫薇栽培中，取得了良好的效果。其操作要领为：一是加强肥水管理。干旱季节适时浇水，花芽萌发前适量施用有机肥料，秋季落叶后在根部培肥土，促进树干长高长粗。二是“育干定高”。即用作园林绿化配置的，树干应适当留高一些；用作公路隔离带或路侧绿化带的，树干相应定低些。一般于1.2~1.8米处截断，然后通过肥水管理与合理修整，促进树干高度基本一致，加快径围生长。三是“蓄萌养拳”。即促使萌条沿着主干截断口萌发。既缩短了输送养料的通道，使养分能较快集中到萌条上，又逐年形成了萌条集中点，慢慢形成“拳头”。

园林用途：紫薇树形优美，树皮光滑洁净，枝干扭曲，花朵繁密，花色艳丽，且花期长久，是盛夏时节极有观赏价值的花木。常植于建筑物前、池边、花坛等处，既可片植、丛植，营造鲜艳热烈的气氛，又可与常绿树配植，构成多彩画面。对有毒气体有一定抗性，因而也是厂区绿化的好树种。

同属异种及变种品种：常见变种有银薇、翠薇等。

①银薇：花白色或微带浅紫色，叶色浅绿。

②翠薇：花浅紫色，叶色深绿。

同属中还有大花紫薇、浙江紫薇、南紫薇等，均有较高的观赏价值。

**37. 蓝果树**

蓝果树科，蓝果树属。别名紫树。

形态特征：落叶乔木，树高30米，胸径1米。树干通直。树皮灰褐色，呈薄片状脱落。叶互生，纸质，全缘，椭圆形或椭圆状卵形，先端急尖或短渐尖，下面疏生柔毛。雌雄异株，雄花伞形或总状花序，具总梗；雌花常常2~3朵生于花轴顶端，无柄。核果长圆状椭圆形或倒卵形，熟时蓝黑色，后渐变成深褐色，种皮骨质，坚硬。花期4月，果实成熟期9月。

地理分布：产于江苏南部、浙江、安徽南部、江西、福建、湖北、四川东部、贵州、广东、广西等省、自治区的山地中，多见于山谷或溪边混交林中。

生态习性：喜温暖、湿润的气候及深厚肥沃、排水良好的酸性土壤，较耐干旱瘠薄。喜光，耐寒性强，抗雪压。根系发达，

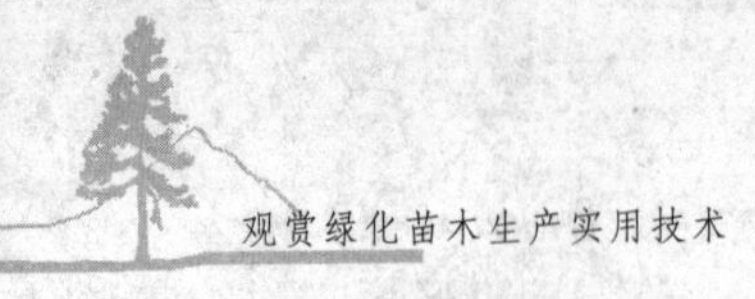


能钻入石缝中生长。对环境要求较严，在湿润的山区生长迅速。

繁殖栽培：播种繁殖。9月采种，将种子洗净阴干，可冬播或湿沙层积越冬进行春播。育苗圃地应选择排水良好的沙质壤土，筑床宽120厘米。春播宜早，一般应在2月上旬前下种，晚种则可能延至隔年出土。小苗应搭遮阳棚进行遮阳。根系再生力差，分栽移植时注意保护侧根。

园林用途：蓝果树树干挺拔，树冠呈宝塔形，颇为壮观，入秋叶色转红，鲜艳悦目，适宜在公园、风景区游步道两侧及景点周围作庭园树，也可与其他常绿阔叶树混栽，组成树丛或林片。

**38. 柿树**

柿科，柿属。别名猴枣。

形态特征：落叶乔木，高达15米。树冠开张。树皮灰黑色，呈方块状开裂。小枝有短柔毛。叶阔椭圆形。花单性，雌雄同株或异株，花冠黄白色；花萼4裂，随果实成熟而增大。浆果直径3~10厘米，形状因品种而异，熟时橙黄色或朱红色，宿萼木质肥厚。花期5月，果实成熟期10月。

地理分布：原产我国，除东北地区外，全国各地均有广泛栽培。

生态习性：喜光，喜温暖、湿润的气候，耐寒，耐旱。适应性强，对土壤要求不严，以土层深厚、排水良好、富含有机质的壤土或黏质壤土最适宜，不喜沙质土。深根性，寿命长，百年大树仍能丰产。病虫害少。对氯气抗性较弱，对氟化氢敏感。

繁殖栽培：一般采用嫁接繁殖。柿树嫁接愈合较难，接穗要适当埋藏，并掌握最佳季节进行嫁接。枝接宜在春季树液开始流动时进行，芽接可在花期进行。砧木多用油柿、野生柿、老鸦柿、君迁子等，接穗选用1年生营养枝，芽接要用上年的潜伏芽或当年的叶芽。移植于冬季落叶后至翌春萌芽前进行，需带泥球，移植后恢复较慢。有核品种须经授粉受精才能结果，需配植授粉树。

园林用途：柿树树形优美，枝繁叶茂，广展如伞，夏叶一片浓绿，秋叶一片通红，是园林观叶、观果俱佳的绿化树种。

## 第二节　常绿乔木

**1. 苏铁**

苏铁科，苏铁属。别名铁树。

形态特征：常绿棕榈状木本植物，树干圆柱形，不分枝，高达5米。大型羽状叶，丛生于茎部顶端，并向四周展开。幼叶密生淡黄色绒毛；老叶光滑，深绿色；小叶近于对生，向背面反卷。雌雄异株，花序单生茎顶。雄球花序长圆柱形，小孢子叶扁平鳞片状或盾状，呈螺旋状排列；雌球花序球状，大孢子叶羽毛状。种子扁倒卵形，外种皮朱红色。

地理分布：产于我国华南地区，在福建、台湾、广东等省均有分布。

生态习性：喜温暖、湿润的气候，不耐寒，低于0℃易受冻害。不耐水湿，生长缓慢，寿命长。

繁殖栽培：可用播种、分蘖、埋茎等法繁殖。播种繁殖为秋季采种沙藏，春季播种，高温下易发芽，培养2~3年可移植。分蘖繁殖为从根际割下小蘖芽进行培养。埋茎繁殖是将茎干切成长10~15厘米的段埋于沙壤中，待四周发出新芽，即可另行分栽。

园林用途：苏铁为现存最古老的植物之一，体形优美，能体现热带风光的观赏效果，常孤植或丛植于花坛、假山石边或作盆栽。

同属异种：常见的同属异种有华南苏铁、云南苏铁、攀枝花苏铁、四川苏铁、海南苏铁、台湾苏铁、篦齿苏铁等。

**2. 雪松**

松科，雪松属。

形态特征：常绿大乔木，高达50~72米，胸径3米。树冠塔形。大枝不规则轮生，平展；小枝微下垂。叶针形，质硬，在长枝上螺旋状散生，在短枝上簇生。雌雄异株，少数同株，雌、雄球花均单生于短枝枝顶。球果椭圆状卵形，成熟后果鳞与种子同时散落。种子具有宽三角形翅。花期 10~11 月，球果成熟期翌年 10 月。

地理分布：原产喜马拉雅山西部，垂直分布于海拔 1300~3300 米的地带。我国于 1920 年开始引种，现辽宁、河北、北京、山东、江苏、上海、浙江、安徽、江西、福建、湖北、河南、陕西、四川、云南等地都有栽培。

生态习性：阳性树种，要求充足的上方光照，具一定的耐阴能力。抗寒性较强，对湿热气候的适应性较差。喜凉爽、湿润的空气和土层深厚、排水良好的中性或微碱性土壤，耐轻度盐碱，不耐水湿。抗烟雾能力弱，对二氧化硫极敏感。浅根性，主根不发达，侧根分布也不深，易被风刮倒。

繁殖栽培：扦插或播种繁殖。采用春季 1 年生硬枝扦插或当年半木质化软枝夏季扦插，要求沙壤床土，搭棚遮阳。可用生根粉或浓度为 500 毫克/升的萘乙酸液处理促生根。播种繁殖于 3 月上旬进行，播前浸种 1~2 天，播后搭小拱棚保湿防雨。园林绿化多采用大苗，需分床分级移植 2~4 次，立支架固定以保护顶梢。

园林用途：雪松树体高大，树姿优美，与金钱松、日本金松、南洋杉、巨杉被合称为世界五大公园树种。最适合孤植于草坪中央、花坛、庭园入口及高大建筑物两旁，或丛植于草坪边缘，或列植于公园干道及街道两侧。

变种品种：常见变种有厚叶雪松、垂枝雪松和翘枝雪松等。

①厚叶雪松：针叶短，平均长 2.8~3.1 厘米，厚而尖。枝条平展开张，小枝微下垂。生长缓慢，树冠壮丽。最好用于绿化。

②垂枝雪松：针叶细长，平均长 3.3~4.2 厘米。枝条下垂，树冠尖塔形。生长较快。

③翘枝雪松：针叶平均长 3.3~3.8 厘米，枝条斜上，小枝微下垂，树冠宽塔形。生长最快。

**3. 黑松**

松科，松属。别名日本黑松、白芽松。

形态特征：常绿乔木，高 25~30 米，胸径可达 1.5 米。树冠幼时狭圆锥形，老时呈扁平的伞形。树皮灰黑色。枝轮生，1 年生长

1轮。冬芽银白色，针叶粗硬，两针1束，叶鞘宿存。球果圆锥状卵形或卵圆形，有短柄，熟时栗褐色。种鳞的鳞盾隆起，横脊显著，鳞脐微凹有短刺。种子倒卵状椭圆形。种翅灰褐色，有深色条纹。花期4月，果实成熟期翌年10月。

地理分布：原产朝鲜、日本，我国辽东半岛及山东、江苏、浙江、福建、台湾等地均有栽培。

生态习性：阳性树种，幼树稍耐阴。根系发达，穿透力强，侧根伸展范围可达树冠的2~3倍。有菌根共生，对海岸环境的适应性强。在土层深厚、疏松、富含腐殖质的沙质土上生长最好，耐干旱瘠薄，不耐水湿和重盐碱。有一定的抗烟尘污染的能力。

繁殖栽培：以播种繁殖为主，也可采用嫁接或扦插繁殖。小苗可做其他松类的嫁接砧木。苗木移植带泥球，大树移植宜设支架，刨坑要深。对老年黑松应扩穴松土，以利根系延伸，增大营养面积。新移黑松要经常进行叶面喷水，增加空气湿度，促进成活。庭园树宜经常于初冬或早春休眠时作整形修剪。

园林用途：黑松树形高大，四季常青，树冠优美雄伟，老龄黑松尤为侧枝横斜，苍劲矫健，是优良的行道树、庭园树和风景树种。既可在公园、游乐园、广场及公共绿地、大片草坪中酌量配植为衬景，也可盆栽造型以供观赏。

同属异种：同属异种有马尾松、台湾松、湿地松和火炬松等。

①马尾松：两针1束，细柔，叶梢宿存，为我国分布最广的松树种。树形高大雄伟，是自然风景林带的重要绿化树种。

②台湾松：针叶短，较粗硬，球果常宿存树上2~4年。普遍分布在海拔700米以上的山地中。

③湿地松：三针或两针1束并存，较粗硬。原产美国东南部，在我国长江流域低山丘陵的酸性土地带有广泛引种栽培，是自然风景林带的重要绿化树种。

④火炬松：三针1束，鳞脐尖刺状。原产美国东南部，在我国长江流域以南地区有广泛引种栽培，可作为庭园绿化树。

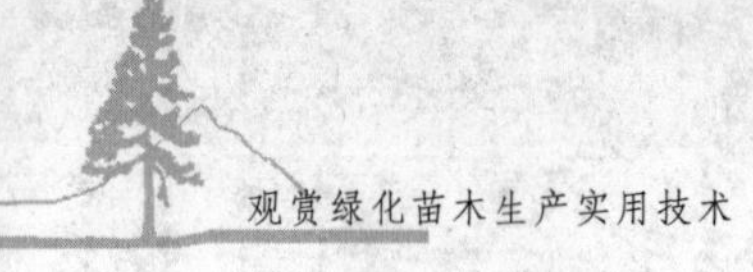


**4. 日本柳杉**

杉科，柳杉属。别名孔雀松。

形态特征：常绿乔木，高达50米，胸径2米以上。小枝低垂。叶锥形，螺旋状排列成5列，长1~1.5厘米，先端挺直，幼树及萌枝三叶长达2.4厘米。雄球花单生叶腋，多数集生枝顶；雌球花单生枝顶。球果圆形，种鳞先端有4~5裂齿，背部具一个短三角状苞鳞，每个种鳞通常具2~5粒种子。花期4月，球果成熟期10月。

地理分布：原产日本，我国长江流域以南有引种，各地山区、半山区均有栽培。

生态习性：喜光，喜温暖、湿润的气候和土层肥厚、排水良好的酸性土壤，不耐旱，不耐寒，生长快速而持久。

繁殖栽培：以播种繁殖为主，也可采用扦插繁殖。常用春播，夏播需设遮阳棚，播种后约经3~4周发芽。夏季幼苗适当遮阳，移植需带泥球。

园林用途：日本柳杉树冠圆整高大，树姿雄伟壮观，最适于孤植和对植，也可丛植或群植，为优良的庭园观赏树种，园林中用作行道树或风景树。

**5. 圆柏**

柏科，圆柏属。别名桧柏、塔柏。

形态特征：常绿乔木。树冠圆柱状，塔形。枝条多贴主干密集斜生。叶二型，鳞形叶交互对生，刺形叶3枚轮生。雌雄异株，雄球花黄色，雌球花有珠鳞6~8对。花期4月下旬，球果成熟期翌年10~11月。

地理分布：原产我国东北南部及华北地区，各地均有栽培。

生态习性：喜光，幼龄时较耐阴。耐寒，耐热，适应性强，在温凉湿润、土层深厚的地区生长迅速，忌水湿。深根性，萌芽性强，耐修剪，易整形。对多种有害气体具有较强的抗性。

繁殖栽培：多采用嫁接、扦插繁殖，杭州地区以嫁接繁殖为主。以1年生健壮的侧柏苗作砧木，选用圆柏母树中、上部侧枝顶梢作接穗。常用腹接法，嫁接时间以2~3月为宜。嫁接苗东西向种植，接穗靠北面，以防太阳曝晒。种植后精细培土保湿，培土高度以接穗的2/3为宜。至5月下旬接穗基本成活时开始修剪砧木苗，第一次剪去砧木苗高度的1/3，隔20~25天剪去嫁接口上所有砧木枝条。移植起苗时应拆去嫁接包扎带，适当稀植，防止出现枯枝。一般以培育塔形为主，及时摘除强壮侧枝的顶芽。除草可选用果尔除草剂。病虫害有枯梢病、梨锈病、红蜘蛛、甜菜夜蛾等，要及时防治。

园林用途：圆柏为园林绿地的常见树种，宜配植于陵园、甬道、园林或亭阁边作绿篱柏墙，也可群植用作主景树的背景。同时，还适用于城市、厂矿的绿化。

同属异种及变种品种：圆柏的变种很多，除最常见的龙柏外，还有匍地龙柏、金叶桧、金球桧、鹿角桧、偃柏、翠柏、垂枝圆柏等，均有广泛栽培。另外，柏科常见的同属树种还有柏木、香柏、福建柏、日本花柏、日本扁柏和刺柏等。

①柏木：又名璎珞柏。柏木属。小枝细长下垂，生鳞叶的小枝扁平，排列成一平面，两面同型。在土层较厚的石灰岩钙质土上生长最为旺盛。

②香柏：崖柏属。鳞叶有芳香。

③福建柏：福建柏属。鳞叶明显成节，树形优美，生长快。

④日本花柏：扁柏属。具有很多品种，枝叶纤细优美，观赏价值极高。

⑤日本扁柏：扁柏属。树形和枝叶均十分美丽，有许多独特品种。

⑥刺柏：刺柏属。叶线形，具有尖刺，叶面凹陷，有两条白色气孔带。树冠圆锥形，小枝下垂，树形优美。

**6. 龙柏**

柏科，圆柏属。

形态特征：常绿小乔木，系圆柏的变种之一。叶色苍翠，侧枝扭转向上，宛若游龙盘旋。树冠呈圆锥形或窄圆柱形，上部渐尖，下部圆浑丰满并略向一侧偏斜。小枝密生，树膛内几无空隙，多为鳞叶，间有刺叶。雌雄异株，花单性。果实圆形，表面蓝色，上覆白粉。种子两年后成熟。

地理分布：原产日本。我国长江流域及华北地区均有栽培。

生态习性：暖温带树种，耐寒性强，成龄植株冬季可忍耐-18~-15℃低温，但幼苗耐寒性较差。耐热，喜光，幼苗较耐阴。要求疏松而排水良好的中性钙质土壤，在强酸性土壤中生长不良，能耐轻碱。忌水湿，较耐旱。

繁殖栽培：其繁殖方法和栽培要点同“圆柏”。

园林用途：龙柏的园林用途与圆柏的基本相同，且有龙柏柱、龙柏球和色块用苗等多种用途。

**7. 侧柏**

柏科，侧柏属。别名扁柏、黄柏。

形态特征：常绿乔木。树皮细条状纵裂。生鳞叶的小枝扁平，直展或斜展，排列成一平面，两面同型。鳞叶交互对生，背面有腺点。雌雄同株，球花单生枝顶。球果卵圆形，种鳞4对，木质，背部顶端有一反曲的钩状尖头。种子无翅。花期4月，球果成熟期10月。

地理分布：北至内蒙古南部、吉林，南至广东、广西，西至四川、云南均有分布。多生长于低山丘陵，栽培于村庄附近、庭园、寺庙、墓地等，也有成片造林。

生态习性：喜光，幼苗、幼树稍耐阴，能适应干冷及暖湿的气候。对土壤要求不严，在石灰岩山地生长良好，耐盐碱。浅根性，不抗风，萌芽性强，寿命长。

繁殖栽培：播种或扦插繁殖。播前用温水浸种12小时，捞出后保温淋水催芽，有半数裂嘴时即可播种。春季扦插采用休眠枝，夏季扦插采用半熟枝，插后均需搭棚遮阳。

园林用途：侧柏树姿优美，耐修剪，常作为庭园观赏树种。其栽培历史悠久，园林品种较多，常见的有千头柏、金叶千头柏、洒金千头柏等。

### 8. 罗汉松

罗汉松科，罗汉松属。别名罗汉杉、土杉。

形态特征：常绿乔木，高达20米。枝条较短，密生。叶条形或披针形，螺旋状着生，中脉两面隆起，幼叶背面灰绿色或带白色。种子核果状，覆白粉，种托熟时膨大，紫红色。

地理分布：产于我国长江流域以南地区，主要分布在江苏、浙江、福建、安徽、江西、湖北、湖南、广东、广西、四川、云南、贵州等省、自治区，多栽于庭园、寺庙，野生者少见。

生态习性：喜温暖、湿润的气候，较耐阴，寿命长。对土壤要求严格，喜排水良好的沙质壤土，在干旱与石灰性土壤中生长不良，对多种有毒气体抗性较强。

繁殖栽培：播种或扦插繁殖。以梅雨季节扦插最好，易生根。移植也最好选在梅雨季节进行。

园林用途：罗汉松树姿优美古雅，叶较小而浓绿，特别是紫红色的种托，如罗汉袈裟披身，甚是好看。既可孤植或群植，也宜作绿篱或盆景材料。

变种品种：常见的变种有短叶罗汉松和小叶罗汉松等。

①短叶罗汉松：小乔木或灌木。枝条向上着生。叶密生，较窄。原产日本，在我国长江流域园林中常有栽培。

②小叶罗汉松：叶子特别短小，在江浙园林中有少量栽培。

### 9. 竹柏

罗汉松科，罗汉松属。别名挪树、椤树、罗汉柴、大果竹柏。

形态特征：常绿乔木，高达20米。树皮近平滑，裂成小块薄片。叶交互对生或近对生，排成两列，卵状披针形或椭圆状披针形，厚革质，有很多平行细脉。雌雄异株，雄球花常呈分枝穗状。种子球形，有白粉，种托与柄相似。花期3~4月，果实成熟期10月。

地理分布：竹柏为中生代白垩纪古老的裸子植物，产于浙江、福建、台湾、江西、湖南、广西、广东、四川等省、自治区，分布于海拔1600米以下的山地中。我国长江流域一带的城市绿地均

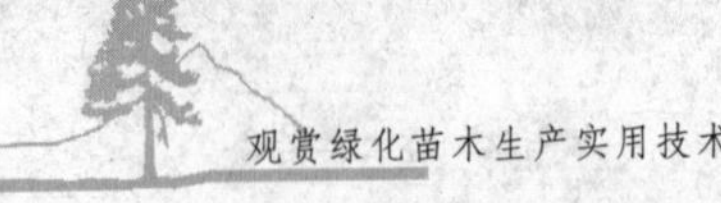


有栽培，日本也有分布。

生态习性：喜温暖、湿润的气候，耐阴，林冠下自然更新良好。生长速度稍缓慢，6~10年树龄高约5米，10年树龄开花结果。对石灰岩山地不能适应，在贫瘠、干旱、浅薄土壤上生长缓慢。

繁殖栽培：播种或扦插繁殖。种子易丧失发芽力，不耐储藏，宜随采随播，发芽率50%~70%。扦插繁殖如用幼龄母树的1年生成熟枝作插穗，早春成活率高达95%以上。2~3年生以上大苗需带泥球移植。

园林用途：竹柏树形修直，叶形如竹，树冠秀丽浓郁，为优美的观赏树种和木本油料树种。可在公园绿地的温暖地带与其他针叶树种、阔叶树种混交种植，或在高大建筑物的避风稍阴处对植或列植，也宜作盆栽观赏。

**10. 南方红豆杉**

红豆杉科，红豆杉属。别名美丽红豆杉、杉公子、海罗松。

形态特征：常绿乔木，高达20米。小枝互生，稠密。树皮红褐色，浅纵裂。叶螺旋状着生，排成两列，条形，近似镰刀状，先端渐尖或微渐尖，边缘通常不反曲，上面中脉隆起。雌雄异株，球花单生。种子倒卵形或宽卵形。花期3~4月，果实成熟期11月。

地理分布：为我国特有树种，产于长江流域及其以南各省，在安徽、浙江、江西、福建、台湾、湖南、湖北、四川、云南、贵州、广西、广东及陕西南部均有分布，主要零散分布于海拔1000~1500米的山谷、溪边的杂木林中。

生态习性：强阴性慢长树种。喜温暖、湿润的气候和排水良好、腐殖质丰富的酸性土，对中性及钙质土也能适应。引种到平原、干燥坡地栽培时，高生长明显受抑制，常形成灌木状。耐寒性远比罗汉松强，入冬后叶色由深绿色转为深紫绿色。

繁殖栽培：播种繁殖。种子休眠期长达1年以上，不宜随采随播。如作春播需经低温层积催芽或将种子埋藏1年。播种时覆土厚度 1~2 厘米，经常保湿并遮阳。幼苗生长缓慢，需留床两年后才可分栽。用于园林绿化的应选用 10 年树龄左右的大苗，移植时需带泥球。

园林用途：南方红豆杉树姿古朴端庄，树叶苍翠，入秋果实鲜红，为优美的常绿观果树种。最宜植于庭园阴处，可与其他高大的乔木组成观赏树丛或作为中下层树种配植于风景林。

**11. 榧树**

红豆杉科，榧树属。别名香榧、圆榧。

形态特征：常绿乔木。树皮纵裂。小枝近对生。叶交互对生，基部扭转排列成两列，条形，坚硬，上面中脉不明显。雌雄异株。种子较大，其形状及大小随各地栽培品种不同而有差异，成熟时种皮淡褐色有白粉。花期·4 月，种子成熟期翌年 10 月。

地理分布：产于安徽南部、江苏南部、江西、福建、湖南、贵州及浙江等地海拔在 1000 米以下的地区，其中浙江诸暨枫桥为香榧的著名产地。野生榧树分布很广，常与苦槠、银杏、杉木、柳杉、金钱松、蓝果树等树种混生。

生态习性：喜温暖、湿润的气候，较喜光，忌水湿和干旱。喜深厚肥沃、排水良好的酸性、微酸性沙壤土或石灰质风化土。浅根性树种，侧根、须根发达。寿命长，500 年树龄仍可果实累累。

繁殖栽培：当假种皮变为黄褐色或紫黑色时，可开始采摘种子。堆沤剥除假种皮，然后用清水冲洗，阴干后在 10~20℃的温度条件下用湿沙层积两个月，以解除休眠。层积期内注意保持沙子湿度，越冬后于翌春播种。

园林用途：榧树为我国特有的经济树种和著名的干果植物。其树姿优美，细叶婆娑，终年常绿，是优良的庭园观赏树种。绿化配置时可对植、丛植或群植，也可组成树群成景或作为色叶树的背景树。

**12. 广玉兰**

木兰科，木兰属。别名荷花玉兰、洋玉兰、大花玉兰。

形态特征：常绿乔木，高达30米。树皮灰褐色。枝、芽、叶的下面及叶柄均有锈褐色的短绒毛。叶厚革质，椭圆形或倒卵形，叶缘微反卷，叶柄粗壮，无托叶痕。花大，单生于枝顶，白色且有芳香，状如荷花。聚合果圆柱形，长7~10厘米，蓇葖果卵圆形，密生锈褐色绒毛。种子红色，果实成熟开裂后悬于种柄上，非常美观。花期6月，果实成熟期10月。

地理分布：原产北美洲东南部，1913年经广州引入我国，现长江南北广有栽培。

生态习性：阳性树种，幼苗期比较耐阴。喜温暖、湿润的气候，有一定的耐寒性。喜肥沃湿润且排水良好的酸性或中性土壤，不耐水湿、盐碱。根系发达，幼树生长较慢，10年后生长转快。对有毒气体有一定抗性。

繁殖栽培：播种、嫁接、压条或扦插繁殖。播种繁殖于秋季随采随播，如春播须进行沙藏层积，3月下旬播种，5月出苗，幼苗生长缓慢。嫁接繁殖用白玉兰等作为砧木，以花多、花大、叶厚的优良壮年母株的1年生枝作接穗，在4月用切接或靠接法，也可用根接法。移植的最佳时期为3月中旬芽未萌动时，需带泥球移植。大苗要适当疏剪部分枝叶，以确保成活。栽时深施基肥，促进花芽分化。

园林用途：广玉兰树形优美，花大而香，叶厚实且有光泽，为特色观赏树种和庭园树种。同时，又是厂矿的绿化树种。最适宜在庭园中对植或建筑物前列植，气势壮美。可散植于草坪，或用作行道树，或栽植成片林。

变种品种：常见的变种有狭叶广玉兰、薄叶广玉兰和馨香玉兰等。

①狭叶广玉兰：叶较小，长椭圆状披针形，背面光滑或稍有茸毛。花较小，花期较短。

②薄叶广玉兰：叶较薄，背面茸毛少。播种繁殖，可用作嫁接砧木。

③馨香玉兰：常绿小乔木。叶革质，卵状椭圆形。花白色，

具有芳香，直径 8~10 厘米。花被 9 片。

**13. 乐昌含笑**

木兰科，含笑属。

形态特征：常绿乔木，高达 15~30 米，胸径约 1 米。树皮灰褐色至深褐色，平滑。叶薄，革质，倒卵形或长圆状倒卵形，先端尖或锐尖，基部宽楔形，叶面深绿色，有光泽。花白色，具有芳香。种子卵形或长圆状卵形。花期 3~4 月，果实成熟期 8~9 月。

地理分布：原产湖南、广东、广西、贵州等地，东南各省广泛引种栽培。

生态习性：阳性树种。稍耐阴，忌水温，喜湿润的气候，耐寒性较强。以土层深厚、肥沃疏松的微酸性沙质土为最好。

繁殖栽培：播种或嫁接繁殖。种子阴干后需层积沙藏，翌年春季 2~3 月播种，苗床覆草保持土壤湿润，出苗后适当遮阳，大苗移植需带泥球。嫁接用 1~2 年生的白玉兰或紫玉兰作砧木，4 月上中旬切接或劈接。

园林用途：乐昌含笑树冠高大，树形优美，枝叶翠绿，花大而香，是优良的庭园和道路绿化树种。孤植、丛植、群植或列植均适宜，与木莲、木荷、玉兰等配植更佳。

同属异种：同属异种有醉香含笑、川含笑、黄心夜合、金叶含笑和深山含笑等。

①醉香含笑：叶椭圆形，叶背灰白色，芽覆锈色绢毛，枝叶浓密，为优良的风景树和防护林树种。

②川含笑：叶窄卵形，芽覆锈色柔毛，树干通直，生长迅速，是优良的绿化树种。

③黄心夜合：树姿秀丽葱郁，花大而有芳香。适于作庭园树、行道树或风景林，也可盆栽或作切花。

④金叶含笑：芽、幼枝、叶柄均密生红褐色的短绒毛，树干通直，叶大而美丽，花大而有芳香，是优良的园林观赏树种。

⑤深山含笑：常绿乔木，全体无毛，有白粉，树形端直，枝叶茂盛。春季满树白花且有芳香，是园林绿化的优良观赏树种。

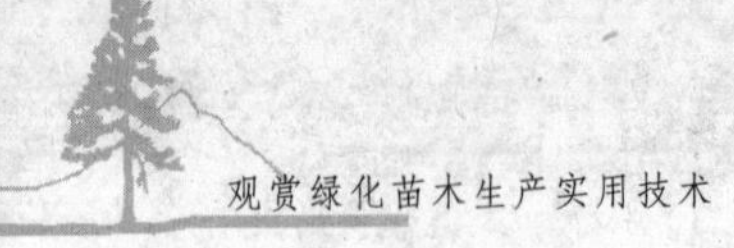


孤植、列植、群植均适宜。

**14. 乳源木莲**

木兰科，木莲属。别名狭叶木莲。

形态特征：常绿乔木，树高20余米。树皮灰褐色，枝黄褐色。叶狭长，革质，正面深绿色，背面淡灰绿色。花单生枝顶，白色。聚合果卵形。花期4~5月，果实成熟期9~10月。

地理分布：我国长江以南各省都有分布。浙江省浙南的龙泉、庆元、遂昌、松阳、云和、丽水和浙北的临安、开化、建德、淳安等山区均有零星分布。

生态习性：喜温暖、湿润的气候，偏阴性，幼树耐阴。适宜在土层深厚、潮湿肥沃、排水良好的酸性黄壤土中生长。一般在海拔1300米以下的沟谷地带常与红楠、杜英、木荷、槠栲类等常绿阔叶林混生。

繁殖栽培：播种繁殖。播前用温水浸种，再用湿沙催芽15天。种子不耐久藏，尽可能随采随播。苗木根系发达，侧根较多，小苗移植容易成活。

园林用途：乳源木莲树干通直，树形优美，枝叶苍翠，花色洁白，是优良的绿化树种。适宜在公园绿地、风景区园林丛植或片植。

**15. 杨梅**

杨梅科，杨梅属。别名朱红、树梅。

形态特征：常绿乔木，高5~10米。树冠圆球形或半圆形。小枝粗壮，皮孔明显。叶互生，革质，倒披针形或长倒卵形，全缘或先端呈波状钝锯齿。雌雄异株，雄花为复葇荑花序，鲜红色；雌花为葇荑花序，腋生。核果球形，外果皮外层细胞囊状突起，汁多可口，核坚硬。

地理分布：原产我国东南各省和云贵高原等地。栽培历史悠久，作为特色水果产区有浙江、江苏、福建、湖南、江西及广东等省。

生态习性：根较浅，主根不明显，须根发达。为酸性土特征树种，喜肥沃、松软的黄色或灰黄色酸性沙质土，也能在贫瘠的荒山上生长结果。喜温暖的气候，较耐寒，耐阴，适宜在年平均气温 15~21℃、绝对最低温不低于-9℃、年降水量在 1000~1600 毫米、土壤 pH 值为 4.5~6.5 的红、黄壤地区生长。

繁殖栽培：嫁接繁殖。多用 1 年生或 3~5 年生实生苗作砧木，因单宁含量多，常采用切断部分根系或易地嫁接，嫁接后 3~5 年开始结果，10~15 年进入盛果期。在鱼鳞坑或等高梯田栽植，株行距 4~5 米，每公顷栽 500~630 株。

园林用途：杨梅树冠优美，枝叶浓密，果实鲜红、甘甜，是优良的水果树种和园林绿化树种，一般宜丛植或群植于草坪边缘、湖边池畔等地，也适宜栽植于庭前、路旁或墙隅。

**16. 苦槠**

壳斗科，栲属。别名苦槠栲、槠栗。

形态特征：常绿乔木，高达 20 米，胸径 50 厘米。树皮浅纵裂成薄片状。单叶互生，厚革质，长椭圆形或卵状矩圆形，中部以上具尖锯齿，背面有灰白色蜡质层，无毛。花单性同株，葇荑花序直立。果序长 8~15 厘米，壳斗外覆环列瘤状鳞片；坚果单生，球形或近球形，具明显纵纹，全包于壳斗内或仅顶部露出，果脐大。花期 5 月，果实成熟期 10 月。

地理分布：主要产于我国长江中、下游以南各地海拔在 800 米以下的山地杂木林中，为低山常绿阔叶林中的常见树种之一。

生态习性：喜温暖、湿润的气候，喜光，耐阴性较强。深厚湿润的酸性或中性土，耐干旱贫瘠，生长速度中等。对二氧化硫等有毒气体抗性强，具有较好的抗风、防尘、隔音及防火性能。

繁殖栽培：播种繁殖。坚果需混沙湿藏，但储藏期不宜超过半年。种子无明显的休眠现象，发芽温度为 15~28℃。可随采随播或混沙湿藏至翌年春季播种，幼苗需适当遮阳。因主根发达而侧根少，幼苗期或芽苗期移植时需切除主根，促使侧根萌发。移植需带泥球，并剪去部分枝叶。

园林用途：苦槠树体高大，树冠浓密，树形优美，寿命长，为优良的园林绿化树种。宜孤植、丛植于草坪，作为园林背景，构成以常绿阔叶树为基调的风景林或防护林。

同属异种：栲属的其他树种还有甜槠、栲树、米槠和构栲等。

①甜槠：树皮浅纵裂。叶基部歪斜，不对称。壳斗疏生刺，全包坚果。树形优美，生长较快，寿命长，为优良的园林绿化树种，也是亚热带常绿阔叶林中的主要建群种。

②栲树：叶卵状披针形，全缘，正面深绿色，背面密生锈红色鳞秕。壳斗疏生刺，全包坚果。树形优美，生长较快，寿命长，为优良的风景区及园林绿化树种，也是亚热带常绿阔叶林中的主要建群种。

③米槠：叶较小，基部对称，叶背有灰白色蜡层。壳斗全包坚果。树形优美，生长快速，寿命长，为优良的园林绿化树种，也是亚热带常绿阔叶林中的主要建群种。

④构栲：叶大而坚挺，长椭圆形，中部以上有锯齿，深绿色，背面密覆锈红色鳞秕。壳斗密生刺，全包坚果。耐阴。树形优美，生长较快，寿命长，为优良的园林绿化树种。

17. 青冈

壳斗科，青冈属。别名青冈栎、青栲、白槠等。

形态特征：常绿乔木，高达20米。树皮光滑不裂。叶互生，革质，倒卵状椭圆形或长椭圆形，先端渐尖或短尾尖，基部圆形或宽楔形，中部以上有锯齿，下部有白粉，生平伏毛。雄花葇荑花序，生于新枝基部，下垂；雌花花序腋生，具2~4对总苞。壳斗杯状，具5~7个同心环。坚果卵形或椭圆形。花期3月，果实成熟期10月。

地理分布：分布于我国长江流域及其以南地区海拔1000米以下的山地中，组成常绿阔叶林或常绿落叶阔叶混交林，也有成纯林的。

生态习性：对气候条件的适应性强，较耐阴。喜钙质石灰岩山地的酸性土，在深厚、肥沃、湿润的土层中生长旺盛，而在贫瘠地带生长不良。深根性，生长速度中等，萌芽性强。

繁殖栽培：播种繁殖。随采随播或混沙湿藏至翌年春季播种，幼苗需适当遮阳。移植时切除主根并带泥球，剪去部分枝叶。

园林用途：青冈为亚热带常绿阔叶林的重要组成树种。树形优美，枝叶茂密，寿命长，是优良的园林绿化树种，宜丛植、群植或与其他树种混植成林。具有较好的抗有毒气体、抗风、防尘、隔音及防火性能，可作厂矿绿化或防火、防风林树种。

**18. 香樟**

樟科，樟属。

形态特征：常绿乔木，高达 50 米，胸径 5 米。树冠广卵形。树皮灰黄褐色，不规则纵裂，枝、叶及木材均有樟脑味。单叶互生，薄革质，有光泽，卵形或椭圆状卵形，全缘微呈波状，两面无毛，离基三出脉，脉腋有明显的腺窝。圆锥花序腋生，花小，黄绿色。浆果卵形或近球形，果托杯状，熟时紫黑色。花期 4~5 月，果实成熟期 11 月。

地理分布：我国长江流域以南各省均有分布，一般生长于海拔 1000 米以下的酸性土地带中，多零星分布于村前宅后，常与马尾松、枫香等组成混交林。

生态习性：亚热带树种，喜温暖、湿润的气候和肥沃、深厚的酸性或中性沙壤土，也可生长于含盐量 0.2%以内的盐碱土中，不耐干旱瘠薄，忌水湿。较喜光，幼树喜阴，成树需日照充足。深根性，生长快，寿命长，萌芽性强，耐修剪。对臭氧及二氧化硫等有毒气体抗性强，并有吸附粉尘、减弱噪声等功能。

繁殖栽培：播种繁殖。采收后浸种 2~3 天，去掉果肉，拌草木灰脱脂 1 天，然后洗净晾干并混沙储藏，翌春 2 月下旬至 3 月上旬条播。播前用温水间歇浸种 3~4 天，促使发芽早且整齐。育苗期宜作两次以上移植，以切断主根，促进侧根生长。冬季用稻草护干防冻。城市绿化用苗一般应分栽培育 4 年以上，苗高达 2 米以上时带泥球定植，并删剪部分枝叶。

园林用途：香樟为我国珍贵树种之一，树冠优美，枝叶浓密青翠。被广泛用作绿化观赏树、行道树、隔音林、防风林或风景林，也可选作厂矿绿化树种。

同属异种：常见的樟属树种还有银木、浙江樟等。

①银木：小枝具明显纵棱，羽状脉。树冠优美，枝叶浓密青翠，生长快，可作为行道树、防护林或风景林。

②浙江樟：三出脉直达叶先端。树冠整齐，紧密。生长快，可作为绿化观赏树种。

**19. 刨花楠**

樟科，润楠属。别名刨花润楠、刨花。

形态特征：常绿乔木，高达20余米。树皮灰褐色，浅裂。叶革质，全缘，正面光滑，背面密生灰黄色的平伏绢毛，呈椭圆形、窄椭圆形或倒披针形，常集生于枝顶。圆锥花序腋生，花两性，细小，黄白色。果实球形，熟时蓝黑色。花期4月，果实成熟期7月。

地理分布：产于安徽、浙江、福建、江西、湖南、广东等地，一般散生在山坡、沟谷两旁的阔叶林中，垂直分布于海拔300~900米处。

生态习性：喜温暖、湿润的气候。幼树喜阴，生长缓慢；成树喜光，喜湿，生长迅速。喜生长于土质疏松、湿润肥沃、排水良好的山坡下，酸性及中性土均能适应。耐寒性较强，但幼苗畏寒，冬季应注意保护。

繁殖栽培：播种繁殖。初夏果皮由青色转蓝黑色时即表示种子成熟。种子无休眠期，应及时播种，条播或撒播均可。种皮薄，宜连果皮播下，播后压平，覆土约1.5厘米，并盖稻草保持床土湿润。出苗后搭棚遮阳，9月底前施薄肥3~4次，入秋后施1次磷、钾肥，早霜来临前搭好塑料拱棚保暖，以免叶片受冻。当年苗高约10~15厘米，翌年晚春分栽。

园林用途：刨花楠树干通直，树姿雄伟，枝叶翠绿，嫩叶红色或棕红色，富有季相变化。该树为优良的园林绿化树种和景观树种，最适宜丛植或群植于风景区、公园山麓作背景树，也适宜在山谷坡地营造风景林和用材林。

同属异种：常见的同属树种还有红楠、华东楠等。

①红楠：与刨花楠相似。叶倒卵形或倒卵状披针形。树姿秀丽，嫩叶鲜红，是优良的园林绿化树种。宜丛植或群植于草坪边缘、湖边池畔等。

②华东楠：叶较大，椭圆形或倒卵形，集生枝顶。冬芽硕大。树冠浓密，层层叠翠，是优良的观赏树种。

**20. 石楠**

蔷薇科，石楠属。别名千年红、枫药、扇骨木。

形态特征：常绿灌木或小乔木。全株无毛。小枝灰褐色。芽卵圆形。单叶互生，革质，长椭圆形，顶端渐尖，基部圆形，边缘有密而尖锐的细锯齿，嫩叶红色，后渐变为绿色，具光泽。伞房花序顶生，花小，白色。果实球形，红色。花期5~7月，果实成熟期9~10月。

地理分布：产于我国秦岭以南各省、自治区，日本、印度尼西亚也有分布。

生态习性：阳性树种。喜肥沃湿润、土层深厚、排水良好的壤土或沙壤土。耐寒，在山东等地能露地越冬。耐半阴，忌水湿。萌芽性强，耐修剪。

繁殖栽培：以播种繁殖为主，也可扦插繁殖。采收后将果实堆放熟透，捣烂洗净后晾干沙藏，至翌年春季播种。扦插可在雨季进行。选当年生粗壮的半成熟枝条，剪成12~15厘米长，带踵，上部留叶2~3枚，扦插深度为插条的2/3长度。插后及时遮阳，并浇透水。移植在春季3月进行，小苗移植多带宿土，大苗移植带泥球并删剪部分枝叶。

园林用途：石楠枝繁叶茂，树冠圆球形，早春嫩叶绛红，初夏白花点点，秋末赤果累累，艳丽可爱，是非常美丽的园林绿化树种，也可用作绿篱或整形栽植。

同属异种：常见的同属树种有红叶石楠、光叶石楠和椤木石楠。

①红叶石楠：常绿小乔木。常作灌木状栽培，春叶和秋叶均

红色光亮。花期4~5月。果实红色。适应性强，极耐修剪，栽培容易。近年从美国、新西兰等国引进的杂交品种有红罗宾（红知更鸟）、红唇和强健等。

②光叶石楠：常绿小乔木。叶较小，椭圆形或长圆状倒卵形，边缘疏生又浅又细的锯齿。果实多而鲜红。

③椤木石楠：常绿乔木。常有枝刺。叶长圆形，先端急尖或渐尖，边缘疏生细锯齿。果实成熟时为黑色。耐修剪，萌芽性强，是制作高篱、绿墙的理想树种。

**21. 红豆树**

蝶形花科，红豆树属。别名鄂西红豆、花梨木等。

形态特征：常绿乔木，高达30米，胸径1米。老树皮微纵裂，幼时绿色、平滑。嫩枝绿色，裸芽。奇数羽状复叶，互生，小叶5~9枚，呈卵形、长椭圆状卵形或侧卵形，全缘，无毛，叶轴及小叶柄基部有簇毛，其余近无毛。圆锥花序，花冠白色或淡红色。荚果圆形，果皮厚革质，黑褐色，种子深红色。花期5月，果实成熟期10~11月。

地理分布：产于江苏南部、安徽、福建、湖北、陕西南部及浙南龙泉、云和等地的低海拔山地中，常散生于阔叶林中。

生态习性：幼树耐阴，成树喜光，生长速度中等，萌芽性强，可萌芽更新。喜生于土层深厚、肥沃湿润的山坡下部及谷地、河边冲积地等。寿命长，根系发达。在其分布北界，冬季常常落叶。

繁殖栽培：播种繁殖。播前用温水浸种2~3天，播后1个多月可发芽，当年苗高就可达50多厘米。应注意培育主干，不能使其过早长出分枝。大苗移植需带泥球。

园林用途：红豆树树形优美，树冠高大。抗性强，耐烟尘，宜作为城市绿化树种，也可作为优良的行道树种。

同属异种：主要有花榈木。小乔木。小枝、叶轴、叶背等处密生褐色绒毛。奇数羽状复叶，小叶5~7枚。荚果矩圆形，种子鲜红色。树形优美，为优良的城市绿化树种。

## 22. 杜英

杜英科，杜英属。别名胆八树、山杜英、山橄榄。

形态特征：常绿乔木，高达20米。叶薄革质，倒卵状椭圆形或倒卵状披针形，边缘具疏生锯齿。3月上旬新叶萌发前，老叶呈紫红色，开始凋落，4月中旬叶落如疏林，至5月上旬新叶盛放而老叶停止凋落。总状花序腋生，花萼披针形，花瓣5枚，线状撕裂，白色。核果椭圆形，较大，熟时暗紫色。

地理分布：产于我国浙江、福建、台湾、江西、湖南、贵州南部、广东、广西等地，越南、日本也有分布。多生长于海拔1000米以下的山谷、路旁和杂木林中。

生态习性：喜温暖、湿润的气候，稍耐阴，适生于酸性黄棕壤和红壤土中。根系发达，萌芽性强，耐修剪，生长快速。对二氧化硫等有毒气体抗性较强。

繁殖栽培：主要用播种繁殖，扦插繁殖也易成活。秋季果熟时采种，将种子阴干后随即播种或湿沙层积至翌年春播。移植以秋季或晚春较好，小苗需带宿土，大苗需带泥球并删剪部分枝叶。

园林用途：杜英树形端直，枝叶浓密，春季新叶、老叶红绿相间，颇为美丽。病虫害少，最适宜在酸性土的园林中栽种，也可配植在草坪和建筑物旁或混植成林。

同属异种：常见的同属树种有秃瓣杜英、山杜英和中华杜英等。

①秃瓣杜英：核果较小，两端尖，长1.3~1.5厘米。较耐寒。为杜英属中栽培最广的一种。

②山杜英：核果长1.6~1.8厘米，脉腋有腺体。耐寒性较差。浙江东部地区园林中常有栽培。

③中华杜英：叶较小，集生枝顶。叶柄较长，有关节。树冠浓密，层性明显，老叶鲜红，为杜英属中较有发展前景的色叶树种，可配植在草坪、湖边池旁或混植成林构成美丽的风景。

## 23. 猴欢喜

杜英科，猴欢喜属。

形态特征：常绿小乔木，高达15米。叶倒卵状椭圆形，全缘或中、上部具疏生锯齿，下部网脉明显，叶柄较长，顶端有关节。花数朵着生小枝顶端，花瓣5枚，绿白色，花梗较长，弯曲下垂。蒴果密生刺毛，熟时棕红色，4~6裂。花期6~7月，果实成熟期9~10月。

地理分布：产于浙江、福建、安徽、江西、湖南、贵州南部、广东、广西等地，越南、日本也有分布。多生长于海拔700~800米以下的山谷、路旁和杂木林中。

生态习性：稍耐阴，喜温暖、湿润的气候和酸性红、黄壤。根系发达，萌芽性强，耐修剪，生长较快。对二氧化硫等有毒气体抗性较强。

繁殖栽培：播种繁殖。方法参照“杜英”。

园林用途：参照“杜英”。

**24. 木荷**

山茶科，木荷属。别名何树、荷树。

形态特征：常绿乔木，高达30米，胸径1米。树皮灰褐色，块状纵裂。单叶互生，厚革质，矩圆形或倒卵状椭圆形，两面无毛，边缘具钝锯齿。花两性，白色，有芳香，花梗粗，单生叶腋。蒴果扁球形。花期5月，果实成熟期9~11月。

地理分布：分布于我国长江流域以南海拔1000米以下的山区中，常与马尾松或樟科、壳斗科等常绿阔叶树种混生或组成小片纯林。

生态习性：喜温暖、湿润的气候。对土壤的适应性强，在土层较深、土质疏松的酸性沙壤土上生长良好。喜光，幼树能耐阴。耐火烧，抗风、抗寒能力较强。

繁殖栽培：播种繁殖。10月果熟时采种，将种子干藏至翌年春季，播于疏松、肥沃的沙壤土中。播前用35℃温水浸种24小时，播后盖草保湿，出苗后需搭棚遮阳。

园林用途：木荷树干端直，树冠浓密，叶厚革质，树体含水量高，可起防火作用，为各地防火林或用材林的主要树种。园林中用作公园绿地的背景树或风景林。

**25. 厚皮香**

山茶科，厚皮香属。别名猪血柴、秤杆木。

形态特征：常绿乔木，高达15米。枝条灰绿色，无毛。叶倒卵形至长圆形，顶端钝圆或短尖，基部楔形，全缘，正面绿色，背面淡绿色，中脉下陷，侧脉不明显。花淡黄色，单生于叶腋或簇生于小枝顶端，有香味，花梗长1~1.5厘米，稍下垂。果实圆球形，绛红色，萼片宿存。花期7~8月。

地理分布：分布于我国华东、华中、华南及西南地区，生长于海拔1500米以下的山地混交林中，为中下层林木树种。菲律宾、马来西亚等东南亚国家及日本也有分布。

生态习性：喜温暖、阴湿的环境，适应中性至酸性土壤，以湿润、排水良好的沙质壤土为最佳。根系发达，抗风力强，较耐修剪，生长较缓慢。对二氧化硫等有毒气体抗性强。

繁殖栽培：播种或扦插繁殖。10月采种，将种子阴干后湿沙层积，翌年春播。保持苗床湿润，约40天可发芽，出苗后需搭棚遮阳。扦插在6~7月进行。移植需带泥球，平时无需整枝。

园林用途：厚皮香树冠浓绿，枝叶层次感强，可修剪成球形，适宜作园景树、绿篱或诱鸟树，也可丛植于庭园、公园作观赏之用。

**26. 大叶冬青**

冬青科，冬青属。别名波罗树、苦丁茶。

形态特征：常绿乔木，高达20米。小枝粗壮，有纵棱。单叶互生，厚革质，长圆形或卵状长圆形，先端短渐尖或钝尖，边缘有疏生锯齿，叶柄粗短，有皱纹。花单性，雌雄异株，黄绿色。果实球形，熟时红色或棕红色。种子骨质。花期4~5月，果实成熟期10~11月。

地理分布：产于我国江苏、浙江、安徽、江西、福建、湖南、广西、广东等地，日本也有分布。生长于海拔900米以下的沟谷常绿阔叶林中。

生态习性：喜温暖、湿润的气候和半阴的环境，盛夏烈日下易遭日灼。在深厚、肥沃的酸性至中性土壤上生长良好。对二氧化硫等有毒气体抗性较强。

繁殖栽培：播种繁殖。种子休眠期很长，需两年才能发芽。可沙藏1年于早春2月播种，出苗后及时搭棚遮阳并保持湿润。小苗生长较快。移植时需带泥球，尽量少伤根并适当修剪枝叶。

园林用途：大叶冬青枝叶浓密，分枝匀称，树冠美丽，红果鲜艳，挂果时间长，是优良的园林观果树种和绿化树种。适宜在园林中对植、列植，或丛植于草坪、路边，用作中层配置树种。

**27. 冬青**

冬青科，冬青属。别名红果冬青。

形态特征：常绿乔木，高达13米。小枝圆形。单叶互生，薄革质，椭圆形或卵状椭圆形，先端渐尖，边缘有疏生锯齿。花单性，雌雄异株，花瓣紫红色或淡紫色。果实球形，熟时红色或棕红色。种子骨质。花期5~6月，果实成熟期10~11月。

地理分布：产于我国长江流域及其以南地区，日本也有分布。常生长于海拔1000米以下的山坡常绿阔叶林中。

生态习性：参照“大叶冬青”。

繁殖栽培：参照“大叶冬青”。

园林用途：冬青枝繁叶茂，四季常青，红果累累经冬不落，是优良的庭园观赏树种。也可作绿篱栽培，特别是种植在园中叠石和小丘上，更是美丽。

同属异种：常见的同属及相似树种还有铁冬青、毛枝冬青、浙江冬青和华中冬青等。

①铁冬青：叶全缘。小枝有棱，紫色。核果较小，鲜红色。适应性较强，在园林中应用较广，是十分优良的园林观果树种和绿化树种。

②毛枝冬青：小乔木。小枝深绿色，稍有毛，常下垂。叶较小。核果暗红色。树形优美，为适应城市环境栽培的优良园林树种。

③浙江冬青：叶卵圆形，厚革质，叶缘具2~3对疏生的尖锯齿。果实暗红色。树冠浓密，树形优美，萌芽性强，耐修剪，适宜栽培于园林绿地及假山造景等。

④华中冬青：叶长椭圆形或椭圆形，厚革质，叶缘具疏生的尖锯齿。果实鲜红色。树冠尖塔形，深绿色。树形优美，是优良的园林观赏树种和观果树种。

**28. 圣诞冬青**

冬青科，冬青属。别名彩叶冬青。

形态特征：常绿小乔木，高约10米。小枝有棱。单叶互生，厚革质，椭圆形或卵状椭圆形，先端渐尖，边缘有疏生的尖硬锯齿。花单性，雌雄异株，花瓣紫红色或淡紫色。果实球形，熟时红色或棕红色。种子骨质。

地理分布：原产欧洲，现世界各地多有栽培。我国近年引种栽培的主要有5~6个品种，另有阿尔塔冬青3~4个品种。

①金边：圣诞树系列。小枝紫色，分枝多。叶缘金黄，有光泽。

②黄果：圣诞树系列。叶深绿色。核果熟时金黄色。

③布莱特夫人：圣诞树系列。叶深绿色，叶缘黄白色，有较细密的尖锯齿。秋冬季节开花，春季红果累累。

④阿拉斯加：圣诞树系列。叶较小，深绿色，叶缘尖锯齿较多。核果红色。

⑤金心：阿尔塔系列。小枝紫色，叶缘具钝锯齿，绿叶中心有黄斑。

⑥金黄帝：阿尔塔系列。小枝紫色。叶缘具疏生的尖锯齿，边缘金黄色；嫩叶全部金黄，常有粉红色晕纹。

⑦长叶：阿尔塔系列。叶缘有疏生的尖硬锯齿，具不规则的米黄色边。

生态习性：喜光，稍耐阴，喜温暖、湿润的气候。在深厚、肥沃、湿润的酸性至中性土壤中生长良好。萌芽性较强，耐修剪，生长较慢。

繁殖栽培：嫁接或扦插繁殖。嫁接用枸骨作砧木，四季均可嫁接，但以春、秋季为最佳。扦插生根较慢。

园林用途：圣诞冬青枝叶色彩艳丽，四季常青，鲜红的果实，别具特色，是优良的庭园观赏树种，可作造型、绿篱栽培，也可盆栽，特别是种植在园中的叠石小景上更是美丽。

**29. 秀丽四照花**

山茱萸科，四照花属。别名山荔枝。

形态特征：常绿乔木。叶对生，呈椭圆形、长椭圆形或倒卵状椭圆形，先端渐尖或短尾尖，基部楔形，侧脉 3~4 对。头状花序顶生，具花 50~70 朵；总苞苞片 4 片，白色，花瓣状。核果长圆形，藏于花托发育而愈合的球状果序中，未熟时为黄色至红色。花期 5~6 月，果实成熟期 10~11 月。

地理分布：产于浙江南部、江西、湖南、福建、广东、广西、贵州、四川、云南等地。生长于海拔 350~1700 米的常绿阔叶林及杂木林中。

生态习性：喜空气湿润、夏季凉爽的生态环境，能耐-8℃的低温，忌干旱、瘠薄、水湿及强阳光环境。喜肥沃、湿润的疏松土壤。

繁殖栽培：播种和扦插繁殖。果熟期采摘，将种子阴干，可随采随播或湿沙层积储藏过冬至翌年 2 月中、下旬播种，播后盖草保湿。苗期及时拔草、松土、施肥、抗旱，夏季须搭棚遮阳。扦插可在早春萌芽前或 6~7 月进行。

园林用途：秀丽四照花四季浓绿，叶色光亮，初夏开花时白色的大苞片布满树冠，入秋后奇特的红果挂满枝头，是观花、观果俱佳的庭园观赏树。宜配植在林边、溪旁、草坪一隅；或丛植于山麓坡地，野趣盎然；也宜在庭园角隅点缀一二，足供赏玩。其果实可食，还可酿酒。

**30. 棱角山矾**

山矾科，山矾属。别名留春树、山桂花。

形态特征：常绿乔木，高达 10 米。树皮灰褐色。小枝粗壮，浅黄绿色，具突起条棱。叶厚革质，互生，狭椭圆形，先端急尖，基部楔形下延，边缘具圆齿状锯齿，正面绿色有光泽，背面浅黄绿色。穗状花序腋生，覆黄褐色茸毛，花白色。核果长圆形，具三分核，熟时蓝黑色。花期3~4月，果实成熟期9~10月。

地理分布：分布于江西、福建、湖南等省，常种植于石灰岩山地疏阔叶林下及村边。

生态习性：喜光，耐阴，喜湿润、凉爽的气候，较耐热也较耐寒。对土壤要求不严，酸性、中性及微碱性的沙质壤土均能适应，但在瘠薄土壤上则生长不良。对氯气、氟化氢、二氧化硫等抗性强。

繁殖栽培：播种或扦插繁殖。10月采种，堆放后熟，去掉果皮，将种子洗净阴干后即播或沙藏至翌年春播。幼苗出土后及时遮阳。扦插繁殖可于6月下旬至7月上、中旬进行，选半成熟枝作插穗，9月形成愈伤组织，第二年春发根，越冬需覆盖塑料薄膜保温。小苗留床1年后分栽培大，大苗移植需带泥球。

园林用途：棱角山矾树冠圆球形，枝叶茂密，是优良的中型庭园树种，同时，也是理想的厂矿绿化树种。适宜孤植或丛植于草地、路边及庭园，若对植、列植在建筑物两侧，更显现树冠优美的效果。

**31. 桂花**

木犀科，木犀属。别名木犀、梫木、八月桂。

形态特征：常绿灌木或小乔木，高约15米。树冠浑圆。树皮粗糙，灰褐色或灰白色。叶对生，椭圆形、卵形至披针形，全缘或上半部疏生细锯齿。花簇生叶腋，聚伞花序，花小，黄白色，具芳香。通常可连续开花2~3次，前后相隔15天左右。核果椭圆形，熟时紫黑色。花期9~10月，果实成熟期翌年4~5月。

地理分布：产于我国西南部，如四川、云南、广西、广东和湖北等省、自治区均有野生。此外印度、尼泊尔、柬埔寨也有分布。

生态习性：喜光，幼苗期要求遮阳。喜温暖和通风良好的环境，较耐寒。适生于土层深厚、排水良好、富含腐殖质的偏酸性沙质壤土，忌碱性土和水湿。生长速度中等，萌芽性强。实生苗开花迟，用成熟母树枝条嫁接或扦插育苗能提前开花。

繁殖栽培：扦插、嫁接、压条或分株繁殖。扦插于6月份用半木质化枝条，剪成长8~10厘米并带两枝叶的插穗，让它吸足水后进行扦插，约两个月生根。嫁接繁殖以春季最佳，可用桂花实生苗、女贞或水蜡等作砧木，以腹接成活率高。移植以春、秋季为宜，大苗带泥球，施足基肥，选择阳光充足的地段，切忌冬季移植。

园林用途：桂花为十大名花之一，栽培历史悠久。终年常绿，枝繁叶茂，花开之时，芳香四溢，有“独占三秋压群芳”之美誉。园林中可孤植、对植或丛植，常与建筑、山石相配，广泛用于各种公园绿地、桂花专类园、盆景盆栽、插花等。

变种品种：可分为银桂、金桂、丹桂、四季桂四大品种群，常见的栽培品种有波叶金桂、朱砂丹桂、硬叶丹桂、早银桂、杭州黄、四季桂、佛顶珠、日香桂等。

①波叶金桂：叶椭圆形，边缘波状起伏。秋季可开花2~3次，着花繁密，有浓香，花冠金黄色，花瓣椭圆形。

②朱砂丹桂：叶卵状椭圆形，坚挺，全缘。秋季开花两次，花淡香，花冠深红色，花瓣圆形。

③硬叶丹桂：叶披针形或椭圆状披针形，全缘或1/3或2/3有锯齿，边缘波状。花淡香，花冠橙黄色。

④早银桂：叶椭圆形，全缘，边缘平直。花期较早，一年可开花3~4次，花浓香，花冠淡黄色，花瓣圆形。

⑤杭州黄：叶长椭圆形或卵状椭圆形，全缘或1/2以上有锯齿，边缘波状起伏。秋季开花3~4次，着花繁密，有浓香，花冠金黄色，花瓣倒卵状椭圆形。

⑥四季桂：叶二型，春叶大而宽圆，宽卵状椭圆形；秋叶较小，椭圆形，全缘，先端偶尔有齿，边缘微波曲。四季开花，以春季和秋季为盛花期，花序顶生或腋生，顶生花序常具总梗，花淡香，花冠黄白色，花瓣椭圆形。

⑦佛顶珠：灌木。叶披针形或椭圆状披针形，叶面明显呈“V”字形内折，深墨绿色，叶缘基部以上或1/3以上有粗齿，总梗发达。花黄白色，有微香，花瓣倒卵形。

⑧日香桂：灌木或小乔木。叶倒卵状披针形或倒卵状椭圆形，全缘或1/3或2/3以上均有锯齿，深绿色。花序有总梗，花近白色或淡黄色，有微香。花期9月至翌年4月。

### 32. 女贞

木犀科，女贞属。别名桢木、女桢。

形态特征：常绿小乔木，高约10米。树皮灰色，光滑。叶对生，革质，卵形或卵状椭圆形，全缘，正面深绿色，有光泽，背面淡绿色。圆锥花序顶生，小花密集，白色有芳香。浆果蓝紫色。花期6月，果实成熟期11~12月。

地理分布：原产中国，分布于长江流域及南方各省，华中地区及西北部分地区也有栽培。

生态习性：喜光，耐半阴。喜肥沃的微酸性土壤，中性、微碱性土壤也能适应，但在瘠薄干旱的土壤中则生长缓慢。须根发达，萌芽性强，耐修剪。

繁殖栽培：播种繁殖。采收后将种子洗净阴干，用湿沙层积越冬至翌年早春条播。播量为每亩8~10千克，当年苗高可达40~60厘米。翌年春季可移植，大苗宜带泥球。用作绿篱苗木应于离地15~20厘米处截干，促使侧枝萌发。

园林用途：夏季满树白花，枝叶终年常绿，苍翠可爱。宜作绿篱或绿墙配植，也可作行道树。同时，还可作厂矿绿化树种。

### 33. 棕榈

棕榈科，棕榈属。别名棕树。

形态特征：常绿乔木，高达15米。树干圆柱状，不分枝。单叶，簇生顶端，扇形，掌状深裂至叶中部以下，裂片条形，通常不下垂，先端2裂，叶柄长，基部具褐色的纤维质叶鞘。花单性，雌雄异株，肉穗花序分枝，腋生，具多数大型苞片。核果球形，蓝黑色，有白粉。花期4~5月，果实成熟期10~11月。

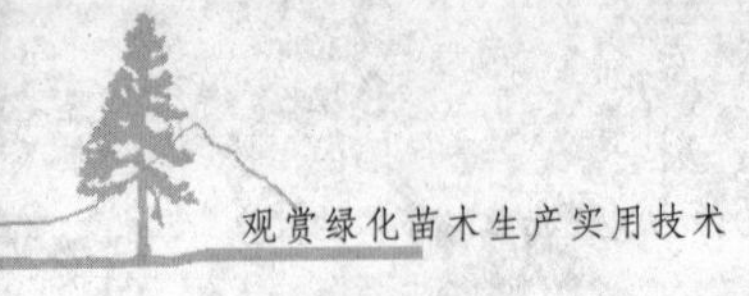



地理分布：原产我国，广泛分布于秦岭、长江流域以南至华南沿海海拔在1500米以下的山林中。

生态习性：耐半阴，幼树的耐阴性更强。喜温暖的气候。对土壤的适应性强，以排水良好、肥沃湿润的中性、石灰性或微酸性土壤生长最好，能耐轻度盐碱。耐烟尘，对有毒气体的抗性强，有很强的吸毒能力。根系浅，须根发达，生长缓慢。

繁殖栽培：播种繁殖。最好为随采随播或沙藏至翌年春播。播前用温水浸种两天，此后再每天早晨浸种1小时，10~15天种子萌动，盆播育苗。幼苗培育宜用酸性土。春、秋季移植，移植时可剪去部分叶片。忌冬季移植和栽植较深。

园林用途：棕榈树形优美，挺拔秀丽，具热带风情，为优良的绿化和观赏树种，可列植、丛植或成片种植。

**34. 加拿利海枣**

棕榈科，海枣属。

形态特征：常绿乔木。树干圆柱状，通直，高10~15米，直径可达1米。巨形羽状叶生于顶部，长2米以上；小叶70~100余对不规则对生，厚纸质，下部10余对呈刺状。开花期3~5月，果实成熟期7~10月。

地理分布：原产非洲西海岸加拿利群岛，现热带及南亚热带地区多有引种栽培。约在20世纪30年代由西方传教士引入我国，四川南充、成都等地现有高10米左右的大树。近年，上海、杭州、襄樊、娄底等城市的园林部门也陆续在绿化中推广应用。

生态习性：是棕榈科植物中较耐寒的一种，一般能耐-8~-7℃的低温。喜光，喜高温、高湿的热带气候。对土壤的适应性强，耐碱，耐旱，抗风性好，生长缓慢。

繁殖栽培：播种繁殖。果核内含1粒种子，沙藏过冬，至翌年春季播种。因果核坚硬，透水性较差，播前宜浸种1~2天，促其提早发芽。条状点播，播后踏实，覆盖稻草以保持土壤湿润，2~3月后发芽出土。幼苗应搭棚遮阳，冬季需有防寒措施。圃地培育苗生长迅速，健壮，姿态好，适宜春季移植。

园林用途：加拿利海枣为世界著名的景观树种，形态雄伟潇洒，富有热带风情，是热带、亚热带南部地区极为优良的园景树。适宜广场、校园、大型建筑物、大型公园绿化配置。

（胡绍庆　杭州植物园高级工程师
宣子灿　杭州市林木种苗管理中心高级工程师
吴光洪　杭州园林绿化工程公司高级工程师
胡亚芬　杭州市林木种苗管理中心工程师
沈伟东　萧山区农业局工程师
沈伯春　杭州绿地种业有限公司工程师）

# 第八章　灌木类树种

## 第一节　落叶灌木

### 1. 牡丹

毛茛科，芍药属。别名木芍药、花王、洛阳花。

形态特征：落叶灌木，高1~2米，老树可达3米。叶互生，二回三出羽状复叶，具长柄。花单生于当年生枝顶，萼5枚，花瓣有单瓣至重瓣，花径10~30厘米，有红、白、黄、粉、紫、绿、黑等颜色。膏葖果，密生短柔毛，种子为不规则的圆形。花期4月下旬至5月上旬，果实成熟期8~9月。

地理分布：原产我国秦岭一带。栽培历史悠久，广泛分布于华北地区及华中地区。

生态习性：喜温凉的气候，较耐寒，不耐湿热。喜光，也耐阴，在高温多湿的长江以南地区应避免中午直晒和西晒。喜疏松肥沃、通气良好的壤土或沙壤土，忌黏重土质和低洼积水。在微酸性与微碱性土上均能生长，但以中性土为最佳。

繁殖栽培：主要采取分株繁殖，珍贵品种用嫁接法，播种法用于培育新品种和砧木用实生苗。栽植时间一般在秋分前后，即9月下旬至10月上旬最佳。栽植深度要与旧痕相平或略深1~2厘米。1年内至少施3次肥，即花前肥、花后肥、越冬肥。

园林用途：牡丹品种繁多，花姿美艳，富丽堂皇，色、姿、香、韵俱佳，被誉为“国色天香”、“百花之王”。无论孤植、丛植、片植均适宜。可盆栽观赏，也可作切花栽培。用科学方法催延花期，使其四季开放。

### 2. 日本小檗

小檗科，小檗属。别名子檗、山石榴、小檗。

形态特征：落叶灌木，株高可达1.5米。枝细密而有刺。叶全缘，菱形或倒卵形，正面光绿色，背面粉绿色，入秋叶色变红。花黄色，2~5朵成簇生状短总状花序，花下垂，花瓣边缘有红晕。浆果红色。花期4月，果实成熟期9~10月。

地理分布：原产日本，我国各地有广泛栽培。

生态习性：喜光又畏强光，稍耐阴，耐寒。对土壤要求不严。萌芽性强，耐修剪。

繁殖栽培：扦插或播种繁殖。为保持品种特有的叶色，宜栽在阳光充足处，但夏季高温时应适当遮阳。

园林用途：为近年新兴的色叶灌木，用于庭园及道路绿化，主要作色块、色带材料。

变种品种：主要栽培的变种有紫叶小檗、金叶小檗等。

①紫叶小檗：叶常年紫红色，喜光，光线越强叶色就越艳。

②金叶小檗：幼枝黄色，老后变灰色。叶金黄色，尤其是夏季在日光照射下，叶色愈加鲜艳。

### 3. 海滨木槿

锦葵科，木槿属。别名海槿、海塘树、日本黄槿。

形态特征：落叶灌木，高1~2.5米。分枝多，小枝、叶片、花梗、花萼等均覆灰白色星状毛。叶互生，厚纸质，近圆形，基部圆形或浅心形。花单生枝端叶腋，花冠钟形，金黄色。蒴果三角状卵形。花期6~8月，果实成熟期9~11月。

地理分布：一般生长于海滨盐碱地。原产浙江舟山群岛和福建沿海岛屿，日本、朝鲜也有分布。

生态习性：对土壤的适应性强，在酸性至碱性土上都能生长。喜光，耐热，耐寒。根系发达，抗风力强，耐水湿也耐干旱。耐修剪，易造型。

繁殖栽培：播种或扦插繁殖。11月下旬采种，可将种子干藏或层积沙藏至翌年3月上旬播种，冬季对幼苗应采取防冻措施。

扦插繁殖分春季硬枝扦插和梅雨季嫩枝扦插，以梅雨季扦插成活率较高。

园林用途：海滨木槿花形大，花期长，花色金黄，鲜艳美丽，是优良的庭园绿化树种，也是良好的防风固沙、固堤防潮树种，可作海岸防护林。

**4. 木槿**

锦葵科，木槿属。别名篱障花。

形态特征：落叶灌木或小乔木。枝干直立，树皮灰白色。小枝幼时密生绒毛，后渐脱落。单叶互生，菱状卵形，长3~6厘米，基部楔形，端部常3裂，边缘有钝齿或缺刻，有明显的三主脉。花单生叶腋，单瓣或重瓣，萼片外侧密生星状柔毛，有淡紫、红、白、粉等颜色，朝开暮落。蒴果卵圆形，直径约1.5厘米，密生星状绒毛；内含种子多数，种子扁平，黑褐色。花期6~10月，果实成熟期9~11月。

地理分布：原产东亚，在我国自东北南部至华南各地均有栽培，尤以长江流域居多。

生态习性：喜温暖、湿润的气候，但也很耐寒。喜光，耐半阴。耐干旱，不耐水湿。适应性强，对土壤要求不严，能在贫瘠的砾质土中或微碱性土中正常生长，但以深厚、肥沃、疏松的土壤为好。萌芽性强，耐修剪。对烟尘、二氧化硫、氯气等抗性较强。

繁殖栽培：多以扦插繁殖为主，硬枝扦插、嫩枝扦插均易生根，一般在3月进行。剪取1年生粗壮枝条，剪成长15~20厘米的插穗，以枝条上部的插穗成活率较高。插后灌透水，覆盖塑料薄膜以保温保湿，一般15~20天即可生根发芽，当年可长高1米左右。嫩枝扦插宜采用全光照喷雾或在雨季进行，方法同硬枝扦插。移植在落叶后进行，通常带宿土，适当疏剪枝条，大苗需带泥球。

园林用途：木槿夏、秋季开花，花期特长，且有很多花色、花型的变种和品种，是优良的园林观花树种。常作围篱及基础种植材料，宜丛植于草坪、路边或林缘，也可作绿篱或与其他花木搭配栽植。因其枝条柔软、耐修剪，可造型制作桩景或盆栽。同时，它还具有较强抗性，也是优良的厂矿绿化树种。

**5. 木芙蓉**

锦葵科，木槿属。别名芙蓉花、拒霜花。

形态特征：落叶灌木或小乔木。枝上密生星状毛。叶大，广卵形，3~5 裂，边缘具钝锯齿，两面有毛。花单生于枝端叶腋，具重瓣、半重瓣或单瓣，花色有白、红、黄等颜色。蒴果扁球形，密生黄色毛。花期 10~11 月，果实成熟期 12 月。

地理分布：原产我国西南部，现全国各地广有栽培，尤以四川、湖南居多。

生态习性：喜光，略耐阴。喜温暖、湿润的气候，不耐寒。忌干旱，耐水湿，在肥沃的临水地生长最盛。长势强健，发枝力强。

繁殖栽培：多用扦插或分株繁殖，也可用压条或播种繁殖。扦插于 2~3 月进行。分株宜在早春萌芽前进行，将母株挖起，切割分离后截干栽植。压条应于生长期间进行。播种繁殖最宜选择春播，播后需保持苗床湿润，1 个月后即可出苗。生长旺盛，应注意修剪。入冬前可于根颈处刈去地上部，使根免受冻害，翌春会重新萌发。

园林用途：木芙蓉晚秋开花，花大色美。多植于池畔水滨，与垂柳为伴，落花流水，相映成趣。适应性强，可盆栽观赏，也可种植在铁路、公路、沟渠边，既能护路护堤，又可美化环境。

**6. 金钟花**

木犀科，连翘属。别名黄金条、迎春条、细叶连翘。

形态特征：落叶灌木。枝条拱形弯曲，具片状髓，黄绿色，有四棱。单叶对生，椭圆状矩圆形，先端尖，中部以上有锯齿。花先叶开放或花叶同时出现，花色金黄。蒴果卵圆形。花期 2 月下旬至 3 月上旬，果实成熟期 7~8 月。

地理分布：主要产于江苏、福建、湖北、四川等地，多生长

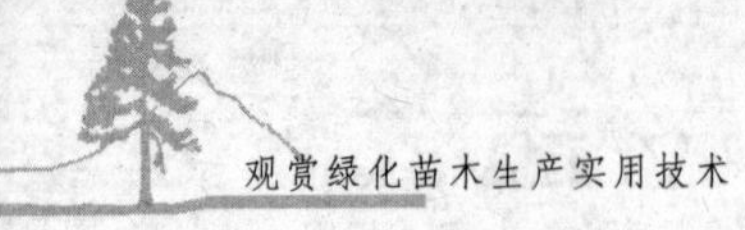


在海拔500~1000米的沟谷、林缘与灌木丛中。

生态习性：喜光，耐半阴，耐热，耐寒，耐旱，耐水湿。在温暖湿润、背风面阳处生长良好，萌芽性强。对土壤要求不严，盆栽要求疏松肥沃、排水良好的沙质土。

繁殖栽培：以扦插繁殖为主，也可用压条、分株或播种繁殖。扦插用硬枝或嫩枝扦插均可，于节处剪下，插后易于生根。苗木移植可裸根移植，但需蘸泥浆并作强度修剪。

园林用途：金钟花枝条拱形展开，早春先花后叶，满枝金黄，艳丽可爱，宜植于草坪、角隅、岩石假山下，或在路边、阶前作基础栽培。

同属异种：同属植物有连翘等。

连翘：落叶灌木。花1~3朵生于叶腋，花冠黄色。黄花满枝，明亮艳丽，为北方早春主要观花灌木。

**7. 迎春花**

木犀科，茉莉属。别名迎春、金腰带。

形态特征：落叶灌木，株高2~3米。枝条细长、弯垂；幼枝绿色，四棱形。叶对生，三出复叶，小叶卵形至椭圆形。花单生，先叶开放，有清香，花冠黄色，高脚碟状。花期2~4月，通常不结果。

地理分布：产于我国华东、华中、华北等地，各地均有广泛栽培。

生态习性：喜光，稍耐阴。喜温暖、湿润的气候，也耐寒，耐干旱，不耐水湿。对土壤要求不严，在微酸性和轻盐碱土上均能生长，但以肥沃湿润、排水良好的中性土壤生长最好。浅根性，生性强健，萌芽性强。

繁殖栽培：多用扦插繁殖，也可用压条或分株繁殖。休眠枝在2~3月扦插，半成熟枝在6月下旬扦插，成熟枝在9月上旬扦插。插后遮阳，极易生根。压条繁殖不需刻伤，枝条接触土壤处即可生根。移植极易成活，管理粗放。

园林用途：迎春花早春先叶开花，满枝金黄。园林中宜配置于湖边溪畔、桥头墙隅、草坪林缘等处，也可作开花地被和花篱，同时也是盆栽和制作盆景的材料。

**8. 小蜡**

木犀科，女贞属。

形态特征：半常绿灌木或小乔木，高约 7 米。枝条舒展，小枝密生短柔毛。单叶对生，椭圆形至卵状长圆形，基部渐狭，先端锐尖至钝尖。圆锥花序顶生，花白色，具细梗。核果近球形。花期 4~5 月，果实成熟期 10~11 月。

地理分布：主要分布于江苏、浙江、安徽、江西、湖南、湖北、四川、福建、广东、广西、云南等地。

生态习性：喜温暖的气候，喜光，较耐阴。对土壤的适应性较强，山野间常见野生。生性强健，耐修剪。

繁殖栽培：以播种繁殖为主，也可扦插繁殖。初冬采收成熟果实，摊薄堆放于阴凉处，翌年早春条播；也可随采随播，播后覆草。扦插繁殖为早春用硬枝扦插和梅雨季嫩枝扦插均可，成活率高，插穗长 10~15 厘米，注意保持湿润。

园林用途：小蜡适宜作绿篱或修成圆球、圆柱等各种形式。可修除基蘖，留取高干培养成乔木，栽植在墙边路旁、草坪林缘，也可制作盆景。

同属异种：同属植物有小叶女贞、水蜡树等。

①小叶女贞：枝条铺散。叶薄革质，无毛，顶端钝。萌芽性强，常作绿篱。

②水蜡树：叶纸质，花冠筒较长。

**9. 腊梅**

腊梅科，腊梅属。别名黄梅花、香梅、香木。

形态特征：落叶大灌木，高可达 5 米。丛生，根茎部发达。单叶对生，近革质，椭圆状卵形至卵状披针形，全缘，正面绿色而粗糙，背面灰色而光滑。花单生于枝条两侧，花被外轮蜡黄色，内轮黄色，有紫色条纹，具浓香。花托坛状，口部收缩，内有栗褐色小瘦果。花期 11 月至翌年 3 月。

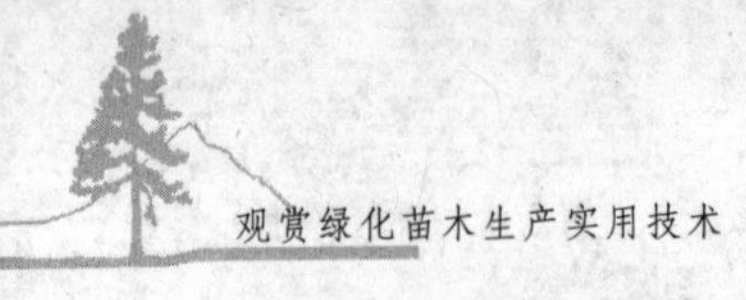



地理分布：原产我国中部，其中江苏、浙江、湖北、河南、陕西、四川等省为主要栽培地区。

生态习性：喜光，略耐阴。耐旱，较耐寒，怕风，忌水湿。喜土质疏松、排水良好的中性或微酸性沙壤土，忌黏土和盐碱土。发枝力强，耐修剪。

繁殖栽培：可用播种、分株、压条、嫁接繁殖。播种繁殖于6月采种，最好随采随播，播后约10天发芽。分株于落叶后至萌芽前进行，在母树周围剪取带根小苗栽种即可。压条用堆土法和高压法均可，高空压条在梅雨季节进行。秋、冬季落叶后至春季萌芽前可移植。每年秋、冬季根据树冠形状进行修剪，力求通风透光。盆栽通过修剪整枝，控制植株高度，春季花后及时换盆。

园林用途：腊梅花期长达3个月，花黄似蜡，清香脱俗，是颇具中国特色的冬季花灌木，常以自然式栽植于庭园内，也可作切花和盆栽、盆景材料。

变种品种：常见的有两个变种：素心腊梅和磬口腊梅。

①素心腊梅：花较小，内部花被无紫褐色条纹。

②磬口腊梅：花较大，直径3~3.5厘米，花被近圆形，纯黄色，内轮有深紫红色边缘和条纹，具浓香。

同属异种：常见的同属异种还有浙江腊梅、柳叶腊梅。

①浙江腊梅：常绿灌木。叶革质，卵状椭圆形或椭圆形，有光泽。花淡黄白色，花瓣半透明。花期9~10月，果实成熟期翌年6~7月。

②柳叶腊梅：半常绿灌木。叶厚纸质，线状披针形或长卵状披针形，正面粗糙，无光泽，背面有白粉。花期9~10月，果实成熟期翌年7月。

**10. 夏腊梅**

腊梅科，夏腊梅属。

形态特征：落叶灌木，高1~3米。丛生。叶对生，纸质，宽卵状椭圆形至宽椭圆形，全缘或有不规则锯齿，叶脉在表面凹陷。花大，单生于枝顶，无香气，直径4.5~7厘米；花被两型，外轮质薄，白色，边缘带紫红色或粉红色；内轮肉质，淡黄色。成熟果托钟形。花期5月，果实成熟期10月。

地理分布：产于浙江西北部的临安昌化和浙东天台山一带，生长于海拔550~1200米的中山地带。

生态习性：耐阴，在阴湿环境中生长旺盛，萌芽性强。喜凉爽、湿润的气候，不耐干旱，较耐寒，怕风，忌水湿。喜土质疏松、排水良好的酸性或微酸性沙壤土。良好条件下实生苗4~5年开花结果。

繁殖栽培：播种或分株繁殖。10月采种，最好随采随播，播后约60~70天出苗。分株在落叶后至萌芽前进行，于根茎部周围剪取带根小苗栽种即可。

园林用途：夏腊梅初夏开花，花大而美丽，为颇具特色的珍稀花木，常以自然式栽植于庭园内或林边，可丛植或成片种植。

**11. 溲疏**

虎耳草科，溲疏属。别名空疏。

形态特征：落叶灌木。树皮薄片状剥落。小枝中空，红褐色，幼时有星状柔毛。叶对生，卵形至卵状披针形，边缘有不明显小齿，两面都有星状短柔毛，有短柄。圆锥花序直立，花瓣5枚，长椭圆形，白色或略带红晕。蒴果近球形。花期5~6月，果实成熟期8~9月。

地理分布：主要生长于我国长江流域以南各省，日本也有分布。

生态习性：喜光，稍耐阴。喜温暖的气候，有一定的耐寒力。在富含腐殖质的酸性或微酸性土壤上生长良好。生性强健，萌芽性强，耐修剪。

繁殖栽培：扦插或播种繁殖。可在梅雨季节用嫩枝扦插，也可在早春萌芽前用硬枝扦插，如以吲哚丁酸处理硬枝则可提高扦插成活率。于秋季采种，密闭干藏至翌年春播。移植宜在落叶期进行。栽后每年冬季或早春应修剪枯枝，花谢后及时剪除残花序。

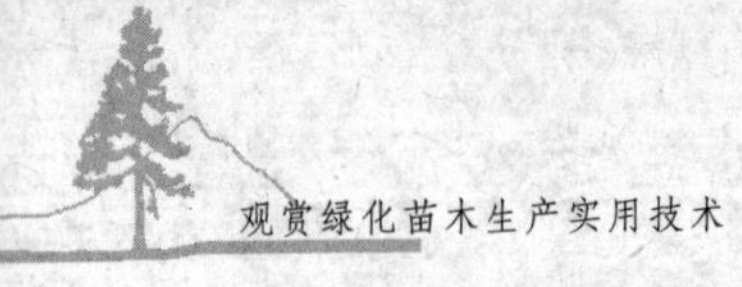


园林用途：溲疏夏季开白花，繁密而素雅，花期长，其重瓣品种更为美丽，为优良的观花植物。宜植于草坪、山坡、路旁及林缘和岩石园，也可植作花篱。

**12. 八仙花**

虎耳草科，八仙花属。别名绣球、紫阳花。

形态特征：落叶灌木。小枝粗壮，皮孔明显。叶大而稍厚，对生，倒卵形，边缘有粗锯齿，正面鲜绿色，背面黄绿色，叶柄粗壮。花大型，由许多不孕花组成顶生伞房花序，花色多变，初白色渐转成蓝色或粉红色。花期6~7月。

地理分布：原产我国和日本。在湖北、四川、浙江、江西、广东、云南等省均有分布。

生态习性：喜温暖、湿润、半阴的环境和疏松肥沃、排水良好的沙质壤土，土壤pH值的变化可使八仙花的花色发生较大的变化。为短日照植物，每天暗处理10小时以上，约45~50天形成花芽。忌曝晒、水湿，不耐盐碱。

繁殖栽培：常用分株、压条、扦插繁殖。分株繁殖宜在早春萌芽前进行，将基部生根枝条与母株分离，直接盆栽。压条繁殖在芽萌动时进行，至翌春与母株切断，带泥移植。扦插繁殖宜在梅雨季节进行。盆栽植株于春季萌芽后注意充分浇水，保证叶片不枯萎。肥水要充足，盛夏光照过强时应适当遮阳，可延长观花期。花后摘除花茎，促使萌发新枝。适当修剪，保持株形优美。

园林用途：八仙花洁白丰满，花大色艳，而且色彩多样，令人赏心悦目，是常见的耐阴花木。适宜盆栽点缀窗台、阳台和客厅，新奇别致，颇有情趣。栽植在建筑物旁、池畔、林中，则花团锦簇，雅致耐观。也可在现代公园和风景区成片栽植，形成景观。

变种品种：常见的栽培品种有阿尔彭格卢欣、红帽、弗兰博安特、雪球等，花色有红、蓝、紫等颜色。

①阿尔彭格卢欣：花深红色或玫瑰红色。

②红帽：叶小，深绿色。花淡玫瑰红色至洋红色。

③弗兰博安特：叶小。花大，洋红色，花径约5厘米。

④雪球：叶小，锯齿状。正常花玫瑰红色，可变成蓝色。用硫酸铝处理可变成天蓝色和米色花心。

⑤法国绣球：花洋红色或玫瑰红色，可转变为蓝色或淡紫色。

⑥奥塔克萨：老品种，是日本培育的一个矮生品种，花粉红色或蓝色。

⑦大雪球：花序大，洋红色或玫瑰红色，花径20~25厘米。

⑧银边八仙花：叶缘为白色。

**13. 山梅花**

虎耳草科，山梅花属。

形态特征：落叶灌木。树皮褐色，片状剥落。幼枝密生柔毛，后渐光滑。叶对生，卵形至卵状长椭圆形，边缘疏生锯齿，背面密生柔毛。花白色，5~7（11）朵组成总状花序。蒴果倒卵形。花期5~6月，果实成熟期9~10月。

地理分布：产于陕西南部、甘肃南部、四川东部、湖北西部及河南等地，现全国各地均有栽培。

生态习性：喜光，稍耐阴，较耐旱，忌水湿。宜生长于湿润肥沃、排水良好的轻壤土上，忌曝晒和过于干燥的瘠薄土壤。萌芽性强。

繁殖栽培：播种、扦插、分株繁殖均可。播种苗床要精细整地，压平，播种后覆土以不见种子为宜，上盖稻草。出苗后搭棚遮阳，加强肥水管理，翌年春天可换床分栽。扦插可在春季用硬枝扦插，也可在梅雨季用嫩枝扦插。分株多在春季萌芽时进行。移植应在秋季落叶后或春季萌芽前进行。

园林用途：山梅花枝叶稠密，白花清香，宜栽植于庭园、公园及风景区。既可丛植、片植于草地、山坡及林缘，也可植为花篱、花坛，其花枝还可作切花材料。

**14. 醉鱼草**

马钱科，醉鱼草属。别名闹鱼花。

形态特征：半常绿灌木。小枝具4棱而稍有翅。叶对生，卵形至卵状披针形，先端尖锐，全缘或有疏齿。穗状花序顶生，花蓝紫色。蒴果矩圆形。花期6~8月，果实成熟期10月。

地理分布：广泛分布于我国华东、中南、西南各省、自治区。

生态习性：喜温暖的气候，稍耐寒，耐旱。喜光，稍耐阴。常生于山坡、溪边的灌木丛中，在排水良好、湿润肥沃的土壤上生长旺盛。因将其花叶揉碎后喂鱼可致鱼麻醉，故名醉鱼草。根部萌芽性强，耐修剪。

繁殖栽培：播种、扦插或分株繁殖。因种子较小，适于高床撒播，注意保湿并搭棚遮阳，待苗高达10厘米左右时分栽培大。扦插可在春季进行，用休眠枝作插穗。分株结合移植进行，容易成活。栽培中可于休眠期剪除地上部，以利翌年抽发新枝，多开花。

园林用途：醉鱼草枝叶婆娑，花朵繁茂，幽雅芳香，适宜栽植于坡地、桥头、墙边，或作中型绿篱，或草地丛植、密植作花篱、花带。

同属异种：同属的观赏种类有大叶醉鱼草、密蒙花、圆叶醉鱼草等。

①大叶醉鱼草：叶大。花淡紫色，具芳香。有大花、翻瓣、矮生、密穗等品种。

②密蒙花：花淡紫色至白色，有芳香。

③圆叶醉鱼草：花橙黄色或亮黄色，有芳香。

### 15. 郁香忍冬

忍冬科，忍冬属。别名香忍冬、香吉利子。

形态特征：半常绿或落叶灌木。幼枝无毛或疏生倒刚毛。叶卵状长圆形或卵圆形，先端短尖，背面疏生平伏刚毛。花生于叶腋，花萼筒连合，花冠唇形，有白色或淡红色斑纹，具芳香。浆果球形，鲜红色。花期2~4月，果实成熟期4~5月。

地理分布：在安徽南部、江西、湖北、河南、河北等地均有栽培。

生态习性：喜光，也耐阴。喜肥沃、湿润的土壤。耐旱，忌水湿。萌芽性强。

繁殖栽培：播种、扦插或自然根蘖分株繁殖。移植宜于10月至翌年2月进行，一般需带宿土，大丛植株宜带泥球。

园林用途：郁香忍冬枝叶茂盛，早春先叶开花，香气浓郁。适宜栽植于庭园附近、草坪边缘、假山前后及路旁，还可利用老桩盆栽配成桩景。

**16. 锦带花**

忍冬科，锦带花属。别名五色海棠、文官花。

形态特征：落叶灌木。幼枝有柔毛。叶对生，具短柄，椭圆形或卵状椭圆形，边缘有锯齿。花冠漏斗状钟形，玫瑰红色，花1~4朵组成聚伞花序，着生小枝顶端或叶腋。蒴果柱状，种子细小。花期5~6月，果实成熟期10月。

地理分布：产于我国北部及朝鲜、日本。现我国各地都有栽培。

生态习性：温带树种，喜光，耐寒，适应性强，不耐热。对土壤要求不严，在肥沃湿润、富含腐殖质的土壤中生长最好。萌蘖性强，生长快。对氯化氢等抗性强。

繁殖栽培：分株、扦插或压条繁殖。分株可在早春结合移植时进行。扦插于春季2~3月用1年生成熟枝条作插穗，或于6~7月采用半木质化嫩枝，在遮阳棚下扦插。压条可在6月进行。苗木移植春、秋季均需带宿土，夏季需带泥球。栽后每年早春施一次腐熟堆肥，并修去衰老枝条。

园林用途：锦带花枝长花茂，一枝横出，灿如锦带。常栽植于庭园角隅、公园湖畔及林缘作自然式花篱、花丛，也适宜点缀于山石旁、山坡上。

同属异种：同属植物有10余种，常见的有海仙花、路边花等。

①海仙花：产于我国华东一带。小枝粗壮。叶阔，椭圆形，先端尾尖。萼线形，花淡红色，后渐转深。耐热性比锦带花强。

②路边花：原产日本。枝条细弱，有短毛。花深红色，外面

有柔毛。耐热性较强，适于南方园林中栽培。

**17. 接骨木**

忍冬科，接骨木属。别名公道老、杆杆活。

形态特征：落叶灌木或小乔木。老枝有皮孔，幼枝无毛。奇数羽状复叶，对生，小叶5~7枚，椭圆状披针形，叶片揉碎会发出异味。圆锥状聚伞花序顶生，花小，白色至淡黄色。核果浆果状，黑紫色或红色。花期5~6月，果实成熟期9~10月。

地理分布：在我国广泛分布，北起华北、东北、西北地区，南至南岭及云南东南部。

生态习性：喜光，也耐阴。较耐寒，耐旱，忌水湿。常生于林下、灌木丛中或路旁。根系发达，萌蘖性强。对氟化氢、氯气、二氧化硫等有毒气体抗性强。

繁殖栽培：扦插、分株、播种繁殖。春季需适当修剪生长不充实枝和冬季干枯的嫩梢，以保持树冠整洁。

园林用途：接骨木适宜种植于水边、林缘和草坪中，其初夏的白花和初秋的红果可供人观赏。也可作为工业区的防护林树种和落叶性花果篱树种。

同属异种：常见的同属植物有西洋接骨木，大灌木或乔木。树皮有深沟。小枝灰色，皮孔显著。小叶3~7枚，通常为5枚，具短柄。花白色带黄，有臭味。

**18. 木绣球**

忍冬科，荚蒾属。别名大绣球、斗球、荚蒾绣球。

形态特征：落叶灌木，高4米。树冠球形。冬芽为裸芽。单叶对生，叶卵形或椭圆形，先端钝，基部圆，边缘有细齿，叶柄粗壮。大型聚伞花序，圆形，几乎全由不孕花组成，直径约20厘米，纯白色。花期4~5月。

地理分布：主要分布于我国长江流域，现全国各地均有栽培。

生态习性：较耐寒，耐阴，在少见阳光的建筑物北侧也能健壮生长和开花。对土壤要求不严，但在深厚肥沃、排水良好的轻壤土中生长最佳。根系发达，根部萌蘖性强。

繁殖栽培：扦插、压条和分株法繁殖。扦插于秋季或早春进行。分株繁殖在 11 月下旬或 3 月中旬，将母株根部由萌蘖生成的幼树掘出，栽植在事先挖好的定植穴内即可。大苗移植要带泥球。花后剪去残花，秋季落叶后疏剪过密枝条并施肥，促使植株翌年健壮生长，花繁叶茂。

园林用途：木绣球树姿清秀，叶形美丽，繁花成簇，色白似雪，秋季红果累累，为夏、秋季花果兼优的观赏花木。宜配植于建筑物四周、草坪边缘和庭园之中，或丛植于假山前、道路旁，同时也是楼房北侧的优良绿化素材，还可盆栽观赏。

变种品种：变种品种主要有琼花。琼花又名聚八仙花。聚伞花序，中央为两性可育花，仅边缘为白色不孕花。核果鲜红色，近球形。

**19. 金缕梅**

金缕梅科，金缕梅属。

形态特征：落叶灌木或小乔木。芽裸露。叶互生，宽倒卵形，先端急尖，基部斜心形，边缘有波状齿，正面粗糙，背面密生绒毛。花簇生叶腋，金黄色，有芳香，花瓣狭长如线，弯曲皱缩，基部带红色。自 12 月至翌年 3 月陆续开花。

地理分布：产于我国，在浙江、安徽、江西、湖北、湖南、广西等地多有分布。

生态习性：喜光，耐半阴。常生长于温暖湿润、富含腐殖质的山坡林中。根系发达，在酸性、中性土壤中都能适应，但应注意排水。耐寒性较强。

繁殖栽培：播种或压条繁殖。将采收的种子进行晒干处理后随即播种或沙藏至翌年早春播种。苗期需搭棚遮阳，保持土壤湿润。压条可于春、秋两季进行，将下部枝条于节下割伤埋伏于地上，保持土壤湿润，生根后第二年与母株分离。移植宜在 10~11 月进行，中小苗需带宿土，大苗需带泥球。

园林用途：金缕梅花形奇特且具芳香，早春先叶开花，花瓣如线，轻盈婀娜，为重要的早春观花树种。适宜孤植于庭园角隅、池边溪畔以及树丛边缘，同时也是制作盆景的好材料。

同属异种：同属植物有红花金缕梅、日本金缕梅等。

①红花金缕梅：又名圆叶金缕梅。叶圆形。花橙红色，极为艳丽。

②日本金缕梅：花色橙黄，萼片基部暗红色，观赏价值较高。

**20. 粉花绣线菊**

蔷薇科，绣线菊属。别名日本绣线菊。

形态特征：落叶灌木，高达1.5米。叶互生，卵形或卵状长椭圆形，叶缘有缺刻状重锯齿，背面灰绿色，羽状叶脉。花淡粉红色至深粉红色，10~30朵集成复伞房花序，着生于当年新梢顶端。花期6~7月。

地理分布：原产日本、朝鲜，我国华东地区有广泛栽培。

生态习性：喜光，稍耐阴。忌水湿，较耐旱。对土壤要求不严，在肥沃湿润的土壤上繁殖生长旺盛，但也可在贫瘠的山石地生长。不太耐寒。萌蘖性强。

繁殖栽培：扦插、分株、播种繁殖。休眠枝扦插于2月中、下旬进行，插后经常保持土壤湿润，盖帘遮阳。分株在2~3月间进行，可结合移植，从母株分离出萌蘖条修短后分栽。播种繁殖时，将采收后的种子密藏过冬，至翌年3月进行播种。移植在落叶期进行，一般苗需带宿土，大苗株丛需带泥球。

园林用途：粉花绣线菊枝繁叶茂，花朵众多。可丛植于池畔、山坡或草坪角隅，也可在建筑物或大路边列植成花篱。

同属异种：同属植物约有100余种，原产我国的就有50多种，其中不少用作庭园植物，常见的栽培种类有麻叶绣线菊、金山绣线菊、金焰绣线菊、喷雪花和笑靥花等。

①麻叶绣线菊：叶菱状披针形或菱状长圆形，近中部以上有缺刻状锯齿。花白色。

②金山绣线菊：小灌木。叶卵形，新叶金黄色，叶缘带红晕。小枝呈“之”字形。

③金焰绣线菊：叶卵状披针形，叶缘红色；新叶橙红色，霜

后变成红色。

④喷雪花：叶线状披针形，两面光滑无毛。伞形花序，花白色，花梗细长。

⑤笑靥花：叶小，椭圆形，叶缘有细锯齿。花白色，重瓣。

**21. 棣棠**

蔷薇科，棣棠属。别名地棠、黄碧棠、棣棠花、黄榆梅。

形态特征：落叶灌木。小枝绿色，有条纹，略呈曲折状，无毛。单叶互生，长圆状卵形，顶端渐尖，边缘具重锯齿，正面鲜绿色，背面略淡、微有毛。花金黄色，单生侧枝顶端，花瓣长圆形。瘦果黑褐色，萼片宿存。花期 4~5 月，果实成熟期 8 月。

地理分布：原产我国和日本。长江流域及秦岭山区均有野生。

生态习性：喜温暖、湿润的环境，稍耐阴，较耐寒。对土壤要求不严，在湿润肥沃的沙质壤土上生长最旺。萌芽性强，可自然更新。适应性强，生长健壮，管理粗放。

繁殖栽培：分株繁殖。春季 3 月将母株根部附近萌蘖条掘起，分割成带 1~2 个枝条的新株，栽入定植穴内，填土踏实并灌水，即能成活。

园林用途：棣棠花色艳丽，花期长，枝叶翠绿细柔，金花朵朵，别具风姿。宜丛植于水畔、坡边、树丛外缘及假山旁边，也可在园林中作花篱、花径，还可用作切花材料。

变种品种：常见的栽培变种有金边棣棠、银边棣棠、重瓣棣棠等。

①金边棣棠：叶缘黄色。

②银边棣棠：叶缘白色。

③重瓣棣棠：花重瓣，金黄色，圆球形。不结果，有芳香。

**22. 火棘**

蔷薇科，火棘属。别名红果、火把果。

形态特征：常绿灌木，高约 3 米。侧枝短，先端成尖刺。叶多为倒卵状长圆形，边缘具圆钝齿。复伞房花序，花小，呈白色。梨果近球形，橘红色或深红色。花期 4~5 月，果实成熟期

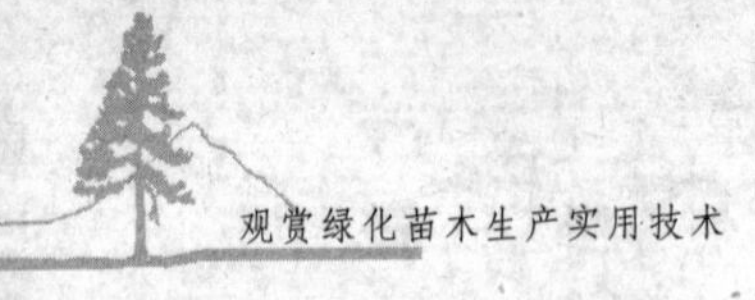


8~12 月。

地理分布：主要分布于我国华东、华中及西南地区，山坡、田埂及路边均有生长。

生态习性：喜光，耐旱，耐瘠薄，喜湿润、疏松、肥沃的壤土。栽培容易，耐修剪，管理粗放。

繁殖栽培：播种或扦插繁殖。

园林用途：火棘枝繁叶茂，春季白花朵朵，入秋红果满枝，经久不落，是优良的庭园植物。可用作绿篱及盆景材料，也可植于草地及林缘。

**23. 贴梗海棠**

蔷薇科，木瓜属。别名铁杆海棠、铁角海棠、贴梗木瓜。

形态特征：落叶灌木，高达 2 米。枝展开有刺，直立。单叶互生，长卵形至椭圆形，托叶大，无叶梗。花单生或数朵簇生于2年生枝条上，朱红色，单瓣或重瓣，直径约 3~5 厘米，花梗极短。梨果卵形至球形，有芳香。花期 3~4 月，果实成熟期 10 月。

地理分布：原产我国中部，现全国各地均有栽培。

生态习性：喜光，稍耐阴。喜温暖，也耐寒。忌水湿，耐旱。对土壤要求不严，酸性、中性土都能适应，但在深厚肥沃、排水良好的壤土中长势尤盛。根部萌生能力很强，耐修剪。

繁殖栽培：可用分株、压条、扦插繁殖，也可用播种繁殖，但播种繁殖不易保留某些品种的优良特性。分株繁殖宜在早春 3 月进行；压条繁殖宜在春季或夏初进行；扦插繁殖宜在梅雨季节进行。移植最佳时间为春季 3 月，可裸根移植，保持根系完整。对多年生植株每年春季发芽前浇一次水，秋季施有机肥。

园林用途：贴梗海棠枝干丛生，早春花色艳丽，入秋硕果芳香，为园林中重要的观赏花木。可栽于草坪边缘、树丛周围、庭园四周，也可丛植于池畔溪边。老桩还可制作盆景。

同属异种：同属植物主要有倭海棠。低矮灌木。小枝拱形有刺。花单生叶腋，粉红色。

## 24. 月季

蔷薇科，蔷薇属。别名月月红、四季蔷薇。

形态特征：常绿或半常绿直立灌木，高达2米，通常具钩状皮刺。叶互生，奇数羽状复叶，小叶3~5枚，宽卵形或卵状椭圆形，长2.5~6厘米，先端尖，边缘有锐锯齿；叶柄和叶轴散生皮刺和短腺毛，托叶边缘具腺纤毛。花单生或排成伞房花序，花瓣多数为重瓣，深红色、粉红色或近白色，稍有芳香；萼片羽裂，边缘有腺毛；花梗细长，有腺毛。果实卵球形，长1~2厘米，红色。花期4月下旬至10月，果实成熟期9~11月。

地理分布：原产我国湖北、四川、云南、湖南、江苏、广东等省，现全国各地普遍栽培。

生态习性：喜温暖、日照充足、空气流通、排水良好的环境。对土壤要求不严，以疏松、肥沃、富含有机质的微酸性壤土较为适宜。

繁殖栽培：多用扦插或嫁接繁殖。硬枝、嫩枝扦插均易成活，一般在春、秋两季进行。嫁接以野蔷薇、粉团蔷薇为砧木，以流行品种为接穗，可获得优质嫁接苗，嫁接时间以12月至翌年2月为宜。

园林用途：月季花色艳丽，按月开放，花期较长，可配植于庭园、花坛中，也可制作花篮、花环、盆景及用作切花等。

变种品种：月季品种繁多。现代月季为中国月季传入欧洲后与各种蔷薇属植物杂交而成，大致可分为6大类，即杂种香水月季（简称ht系）、丰花月季（简称f系）、壮花月季（简称gr系）、微型月季（简称min系）、藤本月季（简称ci系）和灌木月季（简称sh系）。

## 25. 郁李

蔷薇科，李属。别名六月樱、玉带、寿李。

形态特征：落叶灌木，高约1.5米。小枝纤细柔软。冬芽极小，紫褐色，1~3个芽并生。单叶互生，卵形，长3~7厘米，先端渐尖，入秋后叶色转为紫红色。花单生或2~3朵簇生，呈深粉红色、水红色或近白色，3~4月先叶开放。果实近球形，直径约1厘米，深红色，6月成熟。

地理分布：产于我国中部各省。日本、朝鲜也有分布。

生态习性：喜光，耐寒，耐旱，耐水湿。常生长于海拔800米以下的山坡林缘或路旁的灌木丛中。适应性强，在石灰岩山地生长最盛。根蘖多，簇生成丛。

繁殖栽培：播种、分株、扦插繁殖均可。6月上旬采种，将种子洗净阴干后低温沙藏至秋播或翌年春播。分株一般在春季结合移植进行。扦插于2~3月间进行，如用根插繁殖效果也很好。移植在落叶后萌芽前进行，需带宿土。

园林用途：郁李为花果并美的观赏花木。开花时节繁花压树，犹如积雪；果实成熟时红果满枝，宛如悬珠；入秋后叶色呈紫红色，别具风格。在园林中可植为花篱、花境或群植、丛植于亭际、水边、山坡；在庭园中可对植于建筑物入口处或列植于建筑物前后。

**26. 红叶李**

蔷薇科，李属。别名紫叶李、欧洲红叶李。

形态特征：落叶小乔木或灌木，高约8米。枝条、叶片、果实均呈暗紫红色。叶卵形至倒卵形。花单生叶腋，单瓣，水红色。花期4~5月。

地理分布：原产亚洲西南部，在我国各地园林中常见栽培。

生态习性：喜光，喜温暖。对土壤要求不严，但在肥沃深厚、排水良好的中性或酸性土壤中生长良好。

繁殖栽培：以嫁接繁殖为主，也可用扦插或压条繁殖。移植以春季为宜。

园林用途：红叶李为重要的观叶园林树种，它在整个生长期内都紫叶满树，尤以春、秋两季叶色更艳。在园林中多与常绿树配植，绿树红叶相映成趣。

**27. 紫叶矮樱**

蔷薇科，李属。

形态特征：落叶灌木或小乔木，高约2米。树形直立。枝条幼时紫褐色，通常无毛。单叶互生，叶长卵形或卵状长椭圆形，先端渐尖，基部楔形，叶缘有不整齐的细齿，紫红色或深紫红色，初生叶紫红亮丽。花单生，淡粉红色，花瓣5枚，稍有芳香，4月先叶开花。果实球形，深紫色。

地理分布：20世纪90年代初，北京植物园从美国明尼苏达州引入。

生态习性：喜光，耐寒，在辽宁、吉林南部等地小气候较好的条件下可安全越冬。对土壤要求不严，在干旱、瘠薄及石砾土上仍能正常生长。忌水湿。抗病力强。

繁殖栽培：嫁接和扦插繁殖。嫁接一般选用山杏、山桃作砧木，春季进行切接，也可在夏、秋季进行芽接。扦插宜在早春进行，插穗长8~10厘米，插入土中6~8厘米，保持土壤湿润，成活率达80%以上。

园林用途：紫叶矮樱树形紧凑，春季新叶呈紫色，秋季变为深紫红色，叶色亮丽，叶片稠密，是世界著名的色叶树种，具有很高的观赏价值。可培养成树球和高档绿篱，还可制成中型或微型盆景，点缀居室、客厅，尽显古朴典雅之美。

**28. 石榴**

石榴科，石榴属。别名安石榴、海石榴。

形态特征：落叶灌木或小乔木。树皮粗糙。树冠呈自然圆头形。幼枝常呈四棱形，顶端多为刺状。单叶对生或近簇生，倒卵形或长椭圆形。花顶生或腋生，两性，有短梗；花萼钟形，有大红色、粉红色、黄色、白色等颜色；雄蕊多数，花丝细弱，子房下位。果实为浆果，近球形，种子多数，鲜红色、淡红色或白色，可食。花期5~6月，果实成熟期9~10月。

地理分布：原产伊朗、阿富汗等中亚地区，我国引进栽培已有2000多年的历史。

生态习性：喜温暖、湿润的气候，耐旱，耐寒。对土壤要求不严，在pH值4.5~8.2之间均能栽植，以湿润肥沃的沙壤土或壤土生长最佳。忌水湿，花期及果实膨大期以空气干燥、日照充足最为理想。

繁殖栽培：可用播种、分株、压条、扦插和嫁接繁殖，以扦插繁殖应用最广。硬枝扦插在春季进行，选择健壮的2年生枝条作为插穗；嫩枝扦插在雨季进行，选取当年生半木质化枝条，保留2~3片小叶斜插入插床。分株以春芽将萌动时进行成活率高。压条繁殖一年四季均可进行。嫁接多用切接法，以3~4年生酸石榴或实生苗作砧木。播种繁殖一般用于果石榴。种子需沙藏层积，于春季谷雨时节播种，发芽率很高。栽植地点应阳光充足、湿润但不积水。

园林用途：石榴枝繁叶茂，初春嫩叶抽绿，婀娜多姿；盛夏繁花似锦，色彩鲜艳，有“五月榴花红似火”之说；深秋硕果高挂，华贵庄严；冬季树干虬枝，苍劲古朴。石榴既可观花，又可食果，宜栽植于阶前、庭园、亭旁、墙隅及山坡或成片建植石榴园。其矮生品种为良好的盆栽素材，老桩还可制作树桩盆景。

变种品种：有果石榴和花石榴两大类。花石榴以观花、观果为主，常见品种有白石榴、重瓣红石榴、玛瑙石榴、黄花石榴、月季石榴和墨石榴等。

①白石榴：花瓣白色，单瓣。

②重瓣红石榴：花大红色，重瓣。

③玛瑙石榴：花重瓣，红色，有黄白色条纹，别名千瓣彩色石榴。

④黄花石榴：花黄色。

⑤月季石榴：植株矮小。枝条细密而上升。叶和花都很小。花重瓣，花期长，5~7月陆续开花。

⑥墨石榴：枝细柔。叶狭小。花较小，多单瓣。果实呈紫黑色，果皮薄。

**29. 紫荆**

苏木科，紫荆属。别名满条红、紫珠、裸枝树等。

形态特征：落叶灌木。幼枝光滑，暗灰色；老枝粗糙纵裂。单叶互生，近圆形，顶端急尖，基部心形，全缘，两面无毛。花簇生于老干上，先叶开放，4~10朵簇生，假蝶形，紫红色。荚果扁平，沿腹缝线有狭翅。种子扁形。花期2~3月，果实成熟期10月。

地理分布：原产我国中南部山区，现华北、华东、西南、华南地区及甘肃、陕西、辽宁等省广为分布。

生态习性：喜光。适应性强，在酸性、中性及弱碱性沙质土上生长良好。忌水湿，耐干旱瘠薄。耐修剪。对氯气等有害气体有一定抗性。

繁殖栽培：紫荆为结果率甚高的自花受粉树种，故以播种繁殖为主。种子采收后去壳，层积沙藏80天左右，翌春3月下旬至4月上旬条播或撒播，约1个月出苗。也可采用分株、嫁接、扦插繁殖。苗木培育中应不断剪除根蘖萌枝，主干培育高度1.5~2米，使主枝从主干上部生出。每年夏季对新生侧枝进行摘心，避免树冠中空。移植于落叶后至萌芽前进行，小苗裸根带泥浆，大苗需带泥球。

园林用途：紫荆早春的枝干布满紫花，极为美丽，为各地庭园中常见的观赏植物。宜丛植或列植于庭园、建筑物前及草坪边缘，如配植于白墙等浅色物体前则效果更佳。

变种品种：常见的变种有白花紫荆、巨紫荆、加拿大紫荆等。

①白花紫荆：花纯白色。宜与紫花紫荆配植。

②巨紫荆：俗称树紫荆。可作公园孤植或行道树。

③加拿大紫荆：原产美国。高6~9米。花期较迟，先叶后花，花色从粉色到紫红色都有。果实红棕色。喜光，略耐阴。生长速度中等。我国已引进试种。

## 第二节　常绿灌木

### 1. 金橘

芸香科，金柑属。别名罗浮、牛奶金柑、枣橘。

形态特征：常绿灌木。多分枝，通常无刺。叶互生，长圆形，正面光亮深绿色，背面散生油腺点，叶柄具狭翅。单花或2~3朵集生于叶腋，白色，有芳香。果实小，矩圆形或倒卵形，熟时金黄色。花期6~8月，果实成熟期11~12月。

地理分布：原产我国南部，长江流域及其以南地区广有分布。

生态习性：亚热带树种，喜温暖湿润和日照充足的环境。较耐寒，耐旱，稍耐阴。喜生长于土层深厚肥沃、排水良好的酸性沙质壤土中。

繁殖栽培：嫁接繁殖。砧木选用枸橘、酸橙或本品种实生苗，3~4月进行枝接或6~9月进行芽接。移植要多带宿土。为达到观果目的，要适当增施磷肥，以利于花芽分化。春梢摘心两次以促发夏梢结果枝，及时剪除秋梢。

园林用途：金橘枝叶茂密，树姿秀雅，花白如玉，芳香远飘，灿灿金果，玲珑娇小，色艳味甘，为我国传统的盆栽观果树种。

同属异种：同属植物的常见观赏种类还有金弹、金豆、圆金柑、长寿金柑和长叶金橘。

①金弹：叶厚而硬，边缘常向外反卷，叶柄短，有窄翅。果大而圆，熟时金黄色，皮厚，味甜。种子少，品质优。

②金豆：果小如豆，橙红色，不具果肉，不可食。

③圆金柑：果小而圆，大如樱桃，鲜橙黄色。

④长寿金柑：能月月开花，又名月月橘。果卵形，顶端凹入而基部微尖，淡黄色，有芳香。

⑤长叶金橘：叶长披针形。果圆形，皮薄。不耐寒。

**2. 黄杨**

黄杨科，黄杨属。别名瓜子黄杨、珍珠黄杨。

形态特征：常绿灌木或小乔木。小枝具四棱脊，较疏散。叶对生，倒卵形，先端钝或微凹。花簇生叶腋或枝顶，黄绿色。花期4月，果实成熟期7月。

地理分布：产于我国华中、华东地区，栽培历史悠久。

生态习性：喜半阴，在不遮阳的情况下叶色发黄。喜温暖、湿润的气候和肥沃的中性或酸性土壤，但在石灰性土壤中也能生长。耐寒性较强，生长缓慢，萌芽性强，耐修剪。对多种有毒气体有较强的抗性。

繁殖栽培：播种或扦插繁殖。种子采后干藏，冬播或春播，覆土不宜过厚，适当压实，苗期生长缓慢。扦插多在梅雨季前进行，用半木质化嫩枝带踵扦插，容易生根成活。如采用全光照喷雾扦插，则常年均可进行，也可采用老枝作插穗。苗期注意整形修剪，春、秋季各修剪 1 次。

园林用途：黄杨叶厚而翠绿，有光泽，园林中常作绿篱、花坛镶边或盆栽造型，同时也是厂矿绿化的重要树种。

同属异种：常见的同属植物还有雀舌黄杨，又叫细叶黄杨，分枝多而密集，成丛。叶细小，倒卵状披针形，绿色有光泽。

### 3. 枸骨

冬青科，冬青属。别名鸟不宿、老虎刺、枸骨冬青。

形态特征：常绿灌木或小乔木。树皮灰白色，平滑。枝条广展密生。叶硬革质，短圆状四方形，顶端有 3 枚坚硬的刺齿，基部平截，两侧各有 1~2 枚同样的锐刺；正面深绿色，有光泽，背面淡绿色。雌雄异株，花黄绿色，簇生于 2 年生小枝叶腋内。核果球形，熟时鲜红色。花期 4~5 月，果实成熟期 10~11 月。

地理分布：原产我国中部和长江中下游地区，朝鲜也有分布。

生态习性：喜光，也很耐阴，较耐寒。喜排水良好、肥沃的酸性土壤，但在贫瘠的沙土中也能生长，对石灰质土壤有一定的适应能力。生长缓慢，萌芽性强，耐修剪。对二氧化硫、氯气等有较强的抗性。

繁殖栽培：播种、扦插或分株繁殖。种子采收后去皮层积沙藏，翌春 3~4 月播种，出苗后保湿遮阳。梅雨季进行嫩枝扦插，可用0.8%的吲哚丁酸处理插穗，插后遮阳保湿。移植在春、秋季均可进行，因小苗须根少，移植需带泥球，栽前适当重剪。

园林用途：枸骨枝叶茂密，叶形奇特，入秋红果累累，经冬不落，是园林中叶果俱佳的观赏树种。适宜配植于欧式建筑前或植为绿篱，也可孤植于花坛、路口、前庭，或作盆栽造型。

**4. 钝齿冬青**

冬青科，冬青属。别名波缘冬青。

形态特征：常绿灌木或小乔木，高约5米。多分枝，小枝有棱。叶较小，厚革质，椭圆形至长倒卵形，边缘有浅钝锯齿，背面有腺点。花小，白色。果球形，熟时黑色。花期5~6月，果实成熟期10月。

地理分布：产于我国东南部地区，日本也有分布。在我国江南庭园中常有栽培。

生态习性：喜光，也耐阴。耐寒性较强。喜肥沃、排水良好的酸性土壤，具有一定的耐瘠薄和干旱的能力。根系较深，萌芽性强，耐修剪，生长缓慢。对二氧化硫及烟尘有一定抗性。

繁殖栽培：播种、扦插、分株繁殖均可。方法可参照“枸骨”。

园林用途：钝齿冬青枝叶茂密，耐修剪，易整形，可作为园林地被或基础栽培，也可作盆栽造型。

变种品种：常见的变种品种有龟甲冬青，叶面明显凸起，分枝密集。

**5. 大叶黄杨**

卫矛科，卫矛属。别名正木、冬青卫矛。

形态特征：常绿灌木。小枝绿色，四棱形。叶对生，革质，有光泽，椭圆形至倒卵形，先端钝，叶缘有细钝锯齿。花绿白色，聚伞花序。蒴果近球形。花期5~6月，果实成熟期9~10月。

地理分布：原产日本，我国长江流域各地栽培甚为普遍。

生态习性：喜光，也较耐阴。喜温暖、湿润的气候和肥沃的土壤。适应性强，较耐寒，耐干旱，耐瘠薄，极耐整形修剪。

繁殖栽培：以扦插繁殖为主，也可用播种或嫁接繁殖。扦插在春、夏、秋三季均可进行，其中以6月中、下旬最好，发根快，生长好。移植一年四季均可进行，以春季3~4月更好，小苗可裸根移植，大苗需带泥球。

园林用途：大叶黄杨叶片具有光泽，新叶尤为嫩绿可爱，园林中多作为绿篱或整形植株材料，植于门前、草地、花坛或隔离带。其变异品种色彩斑斓，是花坛色块造型的好材料，也是污染区理想的绿化植物。

变种品种：其变种品种很多，常见的有金边大叶黄杨、金心大叶黄杨和银边大叶黄杨。

①金边大叶黄杨：叶缘金黄色。

②金心大叶黄杨：叶中脉附近金黄色，有时叶柄及枝端也变作金黄色。

③银边大叶黄杨：叶缘有白条边。

**6. 茶梅**

山茶科，山茶属。

形态特征：常绿小乔木或灌木，高 3~13 米。分枝稀疏，嫩枝有粗毛，芽鳞表面倒生柔毛。叶互生，革质，椭圆形至长卵形，长 4~10 厘米，先端渐短锐尖，边缘有齿，表面有光泽。花白色或玫红色，略有芳香，无柄，子房密生白毛。蒴果略有毛，无宿存花萼，内有种子 3 粒。花期 11 月至翌年 1 月。

地理分布：主要产于我国江苏、浙江、福建、广东等南方各省。

生态习性：亚热带适生树种，喜温暖、湿润的气候。性喜阴湿，但需要适当的光照，以半阴半阳最为适宜。强烈的阳光会灼伤其叶和芽，导致叶卷脱落。适宜生长于肥沃疏松、排水良好的酸性沙质土壤中，碱性土和黏土不适宜种植。

繁殖栽培：播种、扦插或嫁接繁殖均可。扦插可在秋季选取充实的上部嫩枝，剪除顶梢，留叶 2~3 枚，环状剥皮，待长出愈合组织后，冬末剪下插于沙质床土中。空中压条可在早春选取长 15~20 厘米的健壮枝条，环状剥皮至木质部，用泥包扎保湿，经 3~4 月后剪下栽植。适宜在春、秋两季移植，需带泥球。

园林用途：茶梅叶色碧绿，花朵密集，是基础种植及常绿篱垣的优良材料。开花时为花篱，落花后为常驻绿篱，颇受欢迎。

也可盆栽观赏。

### 7. 山茶花

山茶科，山茶属。

形态特征：常绿灌木或小乔木。单叶互生、革质，呈卵形、椭圆形，先端渐尖，基部楔形，叶缘有细锯齿，表面暗绿色，富有光泽。花单生或对生于叶腋或枝顶，红色，无梗，花瓣5枚。栽培品种多重瓣，有白色、淡红色、玫瑰红色、紫红色及红、白相间等多种颜色，花瓣圆形，花萼密生短毛，边膜质，子房光滑无毛。蒴果近球形。种子椭圆形。花期10~11月，果实成熟期翌年10月。

地理分布：原产我国及朝鲜、日本。我国长江流域及其以南地区普遍栽培。

生态习性：喜半阴，适应性广。喜温暖、湿润的气候，较耐寒。适宜在排水良好、疏松肥沃、有机质含量较高的酸性土壤中生长。不耐盐碱，忌直晒，忌水湿。对氯、氟及其他有毒气体抗性强。

繁殖栽培：常用扦插、嫁接和播种繁殖。扦插于梅雨季或8月进行，以选取当年生半成熟枝浅插为宜，苗床需遮阳保湿。嫁接于5~6月进行，以油茶、单瓣山茶作砧木，用枝接或芽接均可。播种主要用于培育砧木和新品种。苗木移植应带泥球并施足基肥。花后应作修剪以调整树形。

园林用途：山茶花为我国传统的十大名花之一，树姿挺秀，终年常绿，花大色艳，多姿多彩，为早春观花的好树种，也是装饰园林和美化庭园的优良花木。

### 8. 十大功劳

小檗科，十大功劳属。别名黄天竹。

形态特征：常绿灌木，高约2米。奇数羽状复叶，狭披针形，边缘具针状锯齿，革质，平滑，有光泽。总状花序腋生，花小，黄色。浆果卵形，蓝黑色，外覆白粉。花期8~10月，果实成熟期10~11月。

地理分布：分布于四川、湖北和浙江等地，全国各地多有栽培。

生态习性：喜温暖、湿润的气候，较耐寒，耐阴。对土壤要求不严，以湿润肥沃、排水良好的沙质壤土生长最好。萌芽性强。

繁殖栽培：用播种、扦插或分株繁殖均可。种子采收后即可播种。硬枝扦插于2~3月进行，嫩枝扦插于梅雨季节进行。移植在春、秋两季均可，需带宿土或带泥球。

园林用途：十大功劳枝叶苍劲，黄花成簇，秋后叶色转红，艳丽悦目，是庭园花境、花篱的好材料，也可丛植、孤植或盆栽观赏。

同属异种：常见的同属异种有阔叶十大功劳、湖北十大功劳。

①阔叶十大功劳：小叶7~15枚，宽卵形，边缘有刺状粗锯齿，厚革质。极耐阴，可在花坛栽培或作为林下地被。

②湖北十大功劳：小叶细长，狭披针形。树形优美雅致，是林下优良的地被植物。

**9. 南天竺**

小檗科，南天竺属。别名天竺。

形态特征：常绿灌木，高约2米。丛生，少分枝。老枝浅褐色，幼枝红色。羽状2~3回复叶，小叶椭圆状披针形。圆锥花序顶生，花小，白色。浆果球形，鲜红色，宿存至翌年2月。花期5~7月，果实成熟期9~10月。

地理分布：主要分布于我国长江流域及陕西、广西等省、自治区，日本、印度也有分布。多生长于湿润的沟谷旁、疏林下或灌木丛中，为钙质土壤的指示植物。

生态习性：喜温暖湿润及通风良好的半阴环境，较耐寒，强光下叶色易变红。喜肥沃湿润、排水良好的中性、微碱性或钙质土壤。对水分要求不严，生长较慢。

繁殖栽培：可用播种、分株或扦插繁殖。播种可秋季随采随播或层积沙藏至翌春3月播种，播后需搭棚遮阳。分株多于春季萌芽时结合移植进行。

园林用途：南天竺树姿秀丽，枝叶扶疏；秋季红果累累，圆润光洁，是常用的观叶、观果植物，无论地栽、盆栽或制作盆景，都具有很高的观赏价值。

**10. 含笑**

木兰科，含笑属。别名香蕉花、含笑花。

形态特征：常绿灌木或小乔木。树冠浑圆。分枝紧密，小枝和叶柄密生褐色茸毛。叶椭圆形或倒卵状椭圆形，革质，全缘，嫩绿色。花单生于叶腋间，直立，淡黄色至白色，花被6枚，肉质，芳香浓郁如香蕉味。蓇葖果卵圆形。花期4~6月，果实成熟期9月。

地理分布：原产我国广东、福建等亚热带地区，长江流域多有栽培，北方地区均为盆栽。

生态习性：喜温暖、湿润的半阴环境，有一定的耐寒性，不耐干旱瘠薄，喜排水良好的微酸性壤土。

繁殖栽培：播种、分株、扦插和嫁接繁殖。播种可在采种后即播或层积沙藏至春播。分株宜在春季进行。扦插可在春季用硬枝扦插，也可在夏季开花后用半木质化嫩枝扦插。

园林用途：含笑叶绿花香，树形、叶形俱美，是重要的园林花木。对氯气有较强的抗性，适宜作为厂矿绿化树种。可配置于庭园、街坊绿地、草坪或疏林边缘。

**11. 披针叶茴香**

八角科，八角属。别名红茴香、大茴香、毒八角、莽草。

形态特征：常绿小乔木。叶革质，呈长披针形、倒披针形或倒卵状椭圆形，正面深绿色，有光泽，背面淡绿色。花1~3朵生于叶腋，数轮，呈覆瓦状排列，深红色。聚合果呈星状，红色，蓇葖先端长尖。花期4~5月，果实成熟期9~10月。

地理分布：产于我国河南、陕西南部、安徽、江西、湖北、湖南、四川、贵州、广西、云南等地。

生态习性：阴性树种。喜土层深厚、通透性好、富含腐殖质的沙质壤土。耐寒性强。不耐旱，较耐瘠薄。

繁殖栽培：播种繁殖。10 月采种阴干，宜冬播。如沙藏至翌年春播，播前需用石灰水浸种 48 小时。播后盖草，保持床面湿润。幼苗期需搭棚遮阳。大苗定植带泥球并适当疏枝摘叶。

园林用途：披针叶茴香树姿优美，枝叶浓密，花色淡雅，可在园林水边与湖石配植。因其极耐阴，故为优良的下木树种。但需注意它的果实、种子、根都有剧毒，不宜种在学校、幼儿园及居民区，避免误食中毒。

### 12. 金丝桃

金丝桃科，金丝桃属。别名金丝海棠、照月莲、土连翘、夜来花树。

形态特征：半常绿小灌木，高约 1 米。植株光滑无毛，枝条披散，分枝多。单叶对生，长椭圆形，具透明腺点，全缘，先端钝尖，基部楔形。花单生或 3~7 朵集合成聚伞花序，顶生，金黄色。蒴果卵圆形。花期 6~7 月，果实成熟期 8 月以后。

地理分布：原产我国，现全国各地均有栽培。

生态习性：温带、亚热带树种。稍耐寒。喜光，略耐阴，常野生于湿润的河谷或溪旁半阴坡的沙质土中。忌水湿。

繁殖栽培：分株、扦插或播种繁殖。分株在 2~3 月进行最易成活。扦插多在梅雨季进行，用带踵嫩枝作插条。播种宜在春季 3 月下旬至 4 月上旬进行，覆土宜薄，播后保持湿润，3 周左右可发芽。移植在春、秋季均可进行。

园林用途：金丝桃花丝纤细，灿若金丝，仲夏黄花密集，为夏季优良的观赏花木，在庭园中常用作绿篱。可丛植、群植于草地边缘、墙隅、道路转角、路口等。

同属异种：常见的同属植物有金丝梅，又名云南连翘。小枝拱曲，有棱，常带紫色。叶较小，卵状椭圆形。雄蕊不超过花瓣长度，花柱离生。

### 13. 八角金盘

五加科，八角金盘属。别名八金盘、八手、手树。

形态特征：常绿丛生灌木。叶掌状 7~9 裂，长 20~40 厘米，基部心形或楔形，表面有光泽，叶柄长 10~20 厘米。多个伞形花序集成顶生圆锥花序，花白色。浆果黑色。花期 10~11 月，果实成熟期翌年 5 月。栽培品种有矮八角金盘、花叶八角金盘等。

地理分布：原产我国台湾省，在我国南方园林中常见栽培，日本也有分布。

生态习性：喜温暖、湿润的气候，极耐阴，较耐湿，忌干旱、酷热、强光及严寒。在阴湿、疏松、肥沃的土壤上生长良好。对有害气体抗性强。

繁殖栽培：播种、扦插或分株繁殖。5 月果熟时边采收边播种，播前需洗净外表皮。扦插可在 2~3 月用硬枝扦插，也可在梅雨季用嫩枝扦插。移植于春季转暖后进行，需带泥球。也可盆栽。

园林用途：八角金盘叶大青翠，形似金盘，为优良的耐阴观叶植物，宜配植于庭园门前、窗边栏下或点缀于溪流桥头，也可成片群植于草坪边缘、林地之下。

**14. 东瀛珊瑚**

山茱萸科，桃叶珊瑚属。别名青木、日本桃叶珊瑚。

形态特征：常绿灌木，高达 5 米。小枝绿色，粗壮，无毛。叶革质，椭圆状卵形至椭圆状披针形，叶缘疏生粗齿，两面都有光泽。雌雄异株，花小，紫色，圆锥花序密生刚毛。果实鲜红色。花期 4 月，果实成熟期 12 月。

地理分布：原产我国台湾省，现我国南方园林中常见栽培，日本也有分布。

生态习性：喜温暖、湿润的气候，耐阴。在肥沃湿润、排水良好的土壤上生长良好。耐修剪，长势强，病虫害少，抗烟尘。

繁殖栽培：扦插繁殖。梅雨季节选用 2 年生枝条插于遮阳的扦插床中，约 1 个月生根。移植宜在春季进行，需带泥球。栽培管理无特殊要求。

园林用途：为良好的观叶、观果树种，最宜作林下配植，也可作室内盆栽观赏。

变种品种：园艺品种很多，有金斑种、银斑种、柳叶种、带红彩叶种等，最常见栽培的是洒金珊瑚，其叶面有许多黄色斑点。

**15. 杜鹃花**

杜鹃花科，杜鹃花属。别名杜鹃、映山红。

形态特征：常绿或落叶小乔木或灌木，高达 3 米。叶纸质，互生，椭圆形或披针形，叶表疏生硬毛。花 2~6 朵簇生枝端，花冠阔漏斗状，呈蔷薇色、鲜红色或深红色，有紫色斑点；雄蕊 10 枚，花药紫色。蒴果密覆糙毛，卵形。花期 4~6 月，果实成熟期 10 月。

地理分布：原产我国西南横断山脉一带，现广为栽培。

生态习性：喜半阴，忌烈日曝晒。喜温暖、湿润的气候及酸性土壤，在石灰性土中不能生长。

繁殖栽培：多用半木质化的新枝扦插繁殖，也可用播种或嫁接繁殖。采用生根粉、吲哚丁酸处理插穗及喷雾技术可明显提高扦插成活率。

园林用途：宜群植于树丛、林下、溪边及草坪的边缘。可作花篱，也可作盆景材料，其中西鹃盆栽尤为普遍。

变种品种：其园艺品种多达数百种，可分为 4 个类型：即东鹃、毛鹃、西鹃和夏鹃等。

①东鹃：即东洋杜鹃，来自日本。体形较小，分枝较散，叶色较淡。花色繁多，着花繁密；花朵较小，单瓣或套瓣，少有重瓣；花期 4 月。

②毛鹃：即毛叶杜鹃或锦绣杜鹃及其杂交种。露地栽培，体形高大，生长健壮。幼枝密生棕色刚毛。叶片粗糙，多毛。花色聚多，花大，单瓣。可用作嫁接西鹃的优良砧木。

③西鹃：即西洋杜鹃。体形矮小。开花较早，花色繁多，花多重瓣和半重瓣，为杜鹃花中花形、花色最多的一类。但习性娇贵，忌晒，忌冷。

④夏鹃：原产印度和日本，在日本称为皋叶杜鹃。发枝在先，开花最晚。树冠丰满。分枝稠密。花形、花色同西鹃一样丰富多彩。

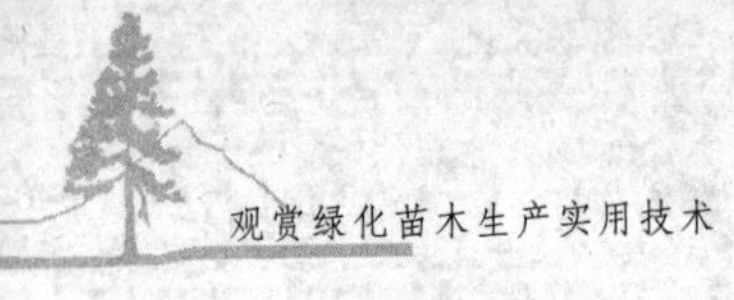



**16. 海桐**

海桐科，海桐属。

形态特征：常绿灌木，株高 2~5 米。树冠球形。叶互生，厚革质，倒卵形，边缘略反卷，新叶黄绿色，后渐转成深绿色，有光泽。伞房花序顶生，花小，白色或淡黄绿色，有芳香。蒴果卵形，有棱角。种子鲜红色，有黏液。花期 5 月，果实成熟期 9~10 月。

地理分布：原产我国和日本，分布于长江流域及东部沿海地区。

生态习性：喜温暖、湿润和阳光充足的环境，适应性强，耐干旱，耐阴，耐盐碱，能抗风、防海潮。对土壤要求不严，以偏碱性或中性壤土生长最旺。萌芽性强，耐修剪。

繁殖栽培：通常用播种繁殖，也可用扦插繁殖。11 月采种，用草木灰拌擦脱粒，清除种子外黏液，然后随即播种；或将种子洗净后阴干沙藏，至翌年 2~3 月播种。幼苗期需搭棚遮阳，加强肥培管理。移植于春季 3 月间进行，密度不宜过大。一般以培养树球为多，应于长至相应高度时，剪去顶端，繁其枝叶。

园林用途：海桐为城市园林中常用的观叶树种，既可孤植、规则式配植，又可群植于草坪、林缘，还可用作道路隔离带或林下过渡层。因其对多种有毒气体抗性强，因而它是厂矿和污染区重要的绿化树种，同时又是南方沿海地区较好的抗风、耐盐碱树种之一。

**17. 红花檵木**

金缕梅科，檵木属。

形态特征：常绿灌木或小乔木，为白檵木的一个变种。树姿优美，嫩枝长有深红色的星状毛。叶互生，革质，卵形，全缘；嫩叶淡红色，后渐转为深红色。花 4~8 朵簇生于总花梗上，呈头状或短穗状花序；花瓣 4 枚，带状线形，淡紫红色或紫红色；一年内多次开花，春花先于新叶开放或同时开放。蒴果木质，倒卵圆形。种子长卵形，黑色，有光泽。主要栽培良种有团叶长年红和长年双面红。

地理分布：原产我国湖南东部山区和长沙岳麓山，现长江中下游以南地区广为分布。

生态习性：日照中性植物。喜温暖、湿润的半阴环境及疏松的酸性土壤。适应性、萌芽性及抗逆性强，较耐阴，耐旱，耐寒，露地栽培能抗-12℃的低温和43℃的高温。

繁殖栽培：多采用扦插繁殖，也可用嫁接繁殖，但嫁接繁殖多用于培养树桩盆景。扦插可分为夏插（5月下旬至6月中旬）和秋插(8月下旬至9月上旬)。插床采用黄泥和细沙3:1拌和的混合土，厚度7~8厘米；插穗选用当年生半木质化嫩枝（即手折有弹性而不易折断的枝条)，插条长5~7厘米，带2~3个芽和2~4枚整叶，随采、随剪、随插。最好用生根粉处理插穗下端，扦插密度以叶片相互不重叠（插穗叶片方向应保持一致)、每平方米1000株左右为宜。插穗入土2~3厘米，插后浇一次透水，搭拱棚作全封闭育苗（盖膜、遮阳)。小苗移植培大时间：夏插苗于翌年的3月上、中旬，秋插苗于清明或稍迟为好。一般第一年移植密度以每亩1万株为宜，栽后及时浇水并勤施薄肥，并根据培育方向适当修剪。

园林用途：红花檵木花叶俱美，为广泛应用的绿地、花坛、隔离带等的色块造型材料和庭园及盆栽观赏植物，无论丛植、片植还是孤植于花坛路旁，都有很高的观赏价值。常培养成球形苗、色块用苗、绿篱用苗，也可作树桩盆景。

**18. 伞房决明**

苏木科，决明属。别名黄花决明。

形态特征：半常绿灌木。小枝密集。树冠伞形或圆球形。叶为偶数羽状复叶，小叶2~3对，长卵形或卵状披针形，基部歪斜。伞房花序顶生，花黄色，7月中旬初花，8~9月盛花，10月渐疏。荚果呈棒状，下垂。果实12月成熟。

地理分布：原产南美洲，1985年引入我国，1994年传入杭州、南京等地。

生态习性：阳性树种。喜光，较耐旱，较耐寒，耐瘠薄。对土壤要求不严，以湿润肥沃的沙壤土生长最佳，但在瘠薄干燥处易衰老。病虫害少，萌芽性强，耐修剪，生长快。

繁殖栽培：播种繁殖。12 月分批采收成熟种子，放置于室内通风处干藏。3 月上旬播种，播前浸种 1 天，撒播或条播均可，约 1 周发芽出苗。5 月中旬移植，当年大部分植株可开花。移植前施足基肥，生长季节每月施淡肥 1 次。当植株高 15~30 厘米时分别打顶，促进侧枝生长。

园林用途：伞房决明花期长，最宜丛植或带植在绕城公路、高速公路、河道两侧宽阔的绿化带中，形成粗犷明亮的夏、秋季景观效果，也宜在公园、庭园配置组景或作绿篱、绿墙栽植。

**19. 黄馨**

木犀科，素馨属。别名云南素馨、南迎春。

形态特征：半常绿灌木，树形圆整。长枝拱形下垂，长约 3 米。小枝无毛，四方形，具浅棱。叶对生，小叶 3 枚，长椭圆状披针形，顶端 1 枚较大，基部渐狭成短柄，侧生两枚小而无柄。花单生，淡黄色，具暗色斑点；花瓣比花筒长，近于复瓣；有芳香。花期 3~4 月，持续时间长。

地理分布：原产云南，现全国各地均有栽培。

生态习性：喜温暖向阳的地方，稍耐阴，畏严寒。在排水良好、肥沃的酸性沙质壤土上生长良好。萌芽性强。

繁殖栽培：以扦插繁殖为主，也可用压条、分株繁殖。移植以春季最好，需带宿土，大丛植株移植后宜将上部枝条截除一部分。

园林用途：黄馨枝长细柔，下垂或攀缘，四季常青，碧叶黄花，为春季美丽的观花植物。最适宜植于水边、坡地、台阶边缘、石隙等处，也可丛植于高架桥两侧的扶栏作悬垂绿化，还可盆栽编扎成各种形状以供观赏。

变种品种：同属的变种植物有迎春、迎夏，树形与装饰效果稍逊于黄馨。

### 20. 金叶女贞

木犀科，女贞属。

形态特征：系美国加州金边女贞与欧洲女贞的杂交品种，我国1984 年从德国引入。半常绿灌木，高约 2 米。冠幅 1.5 米，分枝多，幼枝有短柔毛。叶交互对生或轮生，椭圆形，叶柄极短，整个生长季内叶色呈金黄色。4 月底始花，5 月中旬盛花，花期约 1 个月。

生态习性：喜光，稍耐阴，较耐寒。萌芽性强，耐修剪，适应性强。对土壤要求不严，以疏松肥沃、通气性良好的沙壤土为最佳。

繁殖栽培：常用扦插繁殖，一般分夏插和秋插。选用当年生无病虫害、生长健壮的半木质化嫩枝作插穗，长约 6~8 厘米，保留 2~3 节及上部两枚叶片。扦插密度以每平方米 1000 株左右为宜。插后搭小拱棚并覆盖 70%遮光率的遮阳网，日盖夜揭，适时浇水保持苗床湿润。约 1 个月插穗开始发根，浇水可适当减少。夏插苗于翌年春季可分栽培大，秋插苗必须在翌年梅雨季移栽培大，一般密度以每亩 1 万株为宜。栽后应加强肥培管理，并适当修剪。梅雨季节湿度大，金叶女贞易受真菌类病害危害，一旦染病极易引起落叶，可用70%代森锰锌可湿性粉剂 500 倍液，或用 80%大生可湿性粉剂 600 倍液，或用 70%甲基托布津 800 倍液喷雾防治。

园林用途：金叶女贞枝繁叶茂，叶色金黄，是绿化中营造黄色调的主要树种。一般多用作色块用苗，也可作球状点缀。

### 21. 夹竹桃

夹竹桃科，夹竹桃属。别名柳叶桃。

形态特征：常绿大型灌木。叶革质，狭长；3 叶轮生，也有 4 叶及 2 叶对生的；叶面光亮，中脉明显。枝叶内有少量乳汁，有剧毒。聚伞花序顶生，花冠红色或白色，单瓣或重瓣，有芳香。蓇葖果长角状。花期 6~9 月，果实成熟期 12 月至翌年 1 月。

地理分布：原产伊朗、印度、尼泊尔。我国长江流域以南地区广泛栽培。

生态习性：喜光，较耐阴。喜温暖、湿润的气候，不耐寒，忌水湿。对土壤要求不严，以排水良好、肥沃的中性土最佳，微酸性、轻碱土也能适应。对二氧化硫、氯气等有毒气体的抗性强。生长强健，萌芽性强，耐修剪。

繁殖栽培：以扦插繁殖为主，也可用分株、压条繁殖。扦插在春季、夏季进行均可，插前将插穗基部用清水浸 7~10 天，可提前生根成活。移植以春季进行为宜，中小苗需多带宿土，大苗需带泥球；夏季移植还宜疏枝剪叶。全株有毒，修剪或扦插时绝不能将乳汁误入眼睛及黏膜。

园林用途：夹竹桃碧叶青青如柳似竹，团团红花艳如桃花，花期自夏至秋次第开放，适宜群植于公园、绿地、路旁、草坪、交通隔离带，也适宜作为厂矿的绿化树种。

**22. 栀子花**

茜草科，栀子属。别名黄栀子、白蟾花。

形态特征：常绿灌木。枝丛生，幼时具细毛。叶对生或 3 叶轮生，有短柄，革质，倒卵形或矩圆状倒卵形，色泽翠绿，表面光亮。花大，白色，重瓣，具芳香，单生于枝顶。果实卵形，橙黄色。花期 6~7 月，果实成熟期 11 月。

地理分布：原产我国长江流域及其以南各省、自治区。

生态习性：喜温暖，好阳光，但忌强光直晒。喜空气湿度高、通风良好的环境和排水良好的酸性土壤，为典型的酸性土植物。耐寒性差，叶片受冻后易脱落。萌芽性、萌蘖性均强，耐修剪。

繁殖栽培：扦插、压条、分株或播种繁殖。分株和播种繁殖均以春季为宜。扦插以嫩枝作插穗，在梅雨季进行，10~12 天生根，生长迅速。压条于 4 月上旬选取 2~3 年生健壮枝条压于土中，30 天左右生根，到 6 月中、下旬可与母株分离，移植苗床。移植宜在梅雨季进行，植株需带泥球。夏季要多浇水，增加湿度。开花前多施薄肥，促进花朵肥大。

园林用途：栀子花枝繁叶茂，四季常绿，花色洁白，素雅清香，为美化庭园的优良树种。适宜配置于阶前池畔和路旁，也可作花篱和盆栽观赏，还可作插花和佩花装饰。

同属异种：其同属异种主要有雀舌花。矮小灌木，茎匍匐，叶倒披针形，花重瓣。

### 23. 大花六道木

忍冬科，六道木属。别名六道木。

形态特征：常绿灌木，高约2米。小枝细圆，阳面紫红色，弓形。叶小，长卵形至长椭圆状披针形，边缘具疏浅齿，正面亮绿色，背面淡绿色。圆锥状聚伞花序，花小，白色带粉，繁茂而具芳香。花期6~10月，有时延续至11月中旬，络绎不绝。

地理分布：原产欧洲。

生态习性：喜光，耐热，耐寒。对土壤的适应性较强，在酸性、中性或偏碱性土壤中均生长良好，且有一定的耐旱、耐瘠薄的能力。发枝力强，耐修剪。

繁殖栽培：扦插繁殖。自春至秋均可进行，成活率很高。冬季或早春用成熟枝扦插，当年即可开花；春、夏、秋季用半成熟枝或嫩枝扦插。生长期和早春需加强修剪，防止枝叶空秃，以保持树形丰满。

园林用途：大花六道木花色粉白且繁多，惹人喜爱。花谢后粉红色萼片宿存直至冬季，十分美丽。花期长达半年之久，是优良的夏、秋观花、观叶灌木。

变种品种：其变种品种有金叶大花六道木，为常绿矮生灌木。叶带金边，色泽光亮。

### 24. 珊瑚树

忍冬科，荚蒾属。别名珊瑚枝、法国冬青、日本珊瑚树、早禾树。

形态特征：常绿灌木或小乔木。树冠倒卵形。叶对生，长椭圆形或倒披针形，先端钝尖，基部宽楔形，边缘波状或具粗钝齿，近基部全缘，正面暗绿色，背面淡绿色。圆锥状伞房花序顶生，花冠白色，钟状，具芳香。核果椭圆形，初红后黑。花期5~6月，果实成熟期 10 月。

地理分布：产于浙江普陀、舟山等地及我国台湾省，在长江以南各城市广泛栽培。

生态习性：喜温暖，稍耐寒。喜光，稍耐阴。在潮湿、肥沃的中性壤土中生长迅速旺盛，对酸性或微碱性土也能适应。根系发达，萌芽性强，耐修剪，易整形。对有毒气体抗性强并具隔音、滞尘、防火功能。

繁殖栽培：扦插、播种繁殖均可。小苗冬季要防寒保暖。移植宜在 3 月至 4 月上旬进行，小苗需多带宿土，大苗需带泥球。主要害虫有大蓑蛾、刺蛾、红蜡蚧等，应及时防治。

园林用途：珊瑚树枝繁叶茂，红果形如珊瑚，绚丽可爱。在规则式庭园中常整修为绿墙、绿门、绿廊；在自然式园林中多孤植、丛植装饰墙角，用于隐蔽遮挡。也可盆栽。

**25. 凤尾兰**

百合科，丝兰属。别名波罗花、剑麻。

形态特征：常绿灌木。茎不分枝。叶片剑形，顶端尖硬，呈螺旋状密生于茎上；叶质较硬，有白粉；边缘光滑，无丝线。花茎高出叶丛，总状花序直立呈圆锥形；花白色，下垂，花瓣 6 枚；每个花序着花 300~400 朵。花期长达 5~6 个月。

地理分布：原产北美洲东部及东南部，我国长江流域各地都有栽培。

生态习性：喜光，也耐阴，耐寒，耐旱。对土壤要求不严。生长强健，肉质根粗壮。茎基很易生出萌蘖，扩展植株。更新能力和生命力很强。对氟化氢、二氧化硫、氯气等有毒气体抗性强。

繁殖栽培：分株及扦插繁殖。当根际萌蘖芽露出地面时，可挖取分栽。扦插繁殖可于春季或夏季剪取茎叶，剥去叶片，按每段长约 10 厘米截断，粗的可纵切为 2~4 块，开沟平放，切面朝下，盖土 5~10 厘米，保持土壤湿润但不积水，以免腐烂。取地下根做插材更易成活。移植在春、秋季进行，可裸根带宿土。平时

管理宜及时剪除根蘖和残花序。

园林用途：凤尾兰终年浓绿，数株成丛；叶片似剑，排列有序；花茎高耸，白花繁多，为花、叶俱美的观赏植物。可丛植于草坪一隅、岩石或建筑物附近，也可栽作保护性围篱、公路隔离带及厂矿绿化植物。

（胡亚芬　杭州市林木种苗管理中心工程师
吴光洪　杭州园林绿化工程公司高级工程师
孔令春　萧山区农业技术学校中教二级
俞宁之　萧山区农业技术学校中教二级
来志法　萧山区农业局农艺师
邱春英　萧山区农业局助理农艺师）

# 第九章 藤本类植物

**1. 紫藤**

豆科，紫藤属。别名藤萝、朱藤。

形态特征：落叶木质大藤本。树皮浅灰褐色。奇数羽状复叶，互生，小叶 7~13 枚。总状花序，长达 20~30 厘米，下垂；花密集而醒目，蓝紫色至淡紫色，有芳香。荚果长 10~20 厘米，内含种子 3~4 粒，种子扁圆。长江流域花期 4 月，果实成熟期 10 月。

地理分布：原产我国，北至辽宁、南至广东、西至甘肃均有自然分布，广泛栽培于各地园林中。

生态习性：喜光，略耐阴。喜湿润、肥沃、避风向阳、排水良好的土壤，也有一定的耐瘠薄、耐水湿的能力。对土壤酸碱度的适应性强，在微碱性土中也能生长良好。缠绕力强，能绞杀其他植物。对二氧化硫、氯化氢等有毒气体有一定抗性。

繁殖栽培：播种、扦插繁殖。播种繁殖于 10 月荚果转为褐色时采种，将种子晾晒后干藏至翌春。播前用 40~50℃温水浸种 1~2 天，种子膨胀后即播种。紫藤种子较大，一般用点播，约 30 天出苗。苗期要加强肥水管理，翌年春季移植。扦插繁殖于春季 3 月剪取 1 年生枝条为插穗，截成每段长 15~20 厘米，扦插入土深约 2/3。如用生长激素处理枝条效果更佳。此外，还可用根插繁殖。紫藤直根性强，移植时最好带泥球。定植初期宜搭架并采用人工辅助手段将主茎导向攀附物。早春萌芽前可施有机肥，尤应适当多施磷、钾肥，生长期追肥 2~3 次。开花后可将中部枝条留 5~6 个芽短截，并剪除细弱枝条，以促进花芽形成。夏季易受刺蛾危害，嫩枝易受蚜虫危害，应注意防治。

园林用途：紫藤为著名的观花藤本植物，寿命长，老茎盘旋如龙，常作棚架、门廊、凉亭、灯柱及山石的绿化材料，或作盆栽盆景。

同属相近品种：其同属品种主要有银藤、重瓣紫藤、丰花紫藤、多花紫藤、日本藤萝和白花藤等。

①银藤（白花紫藤）：花白色。

②重瓣紫藤：花重瓣。

③丰花紫藤：荷兰选育，开花特别多，花序长而大。

**2. 爬山虎**

葡萄科，爬山虎属。别名爬墙虎、地锦。

形态特征：落叶木质大藤本。具分枝卷须，顶端有吸盘。叶变异较大，通常阔卵形，先端3裂，缘有粗齿。聚伞花序，花小，黄绿色，常生于顶端两叶之间。浆果球形，蓝黑色，覆有白粉。花期6月，果实成熟期10月。

地理分布：广布于我国东北至华南地区，朝鲜、日本也有。

生态习性：耐寒，耐旱，对气候及土壤的适应性强。喜阴，但对阳处、阴处都能适应。在阴湿、肥沃的土壤中生长最佳。

繁殖栽培：播种、扦插或压条繁殖。播种繁殖，于9月采摘成熟浆果，经清洗、沥干后用湿沙层积储藏。翌年3月上旬取出用45℃温水浸泡2天，每天换水3~4次。播种基质宜用沙质壤土，出苗后保持光照充足。当幼苗具3枚真叶并逐渐长壮时择阴天或傍晚移植。扦插繁殖，嫩枝扦插于6~7月采集半木质化嫩枝，剪作10~15厘米长的插穗并用生根粉处理，一般20~25天生根；硬枝扦插则于落叶后，选取直径0.5厘米左右、长10~15厘米的休眠枝，经沙藏至翌春露地扦插。幼苗怕旱，但忌水湿，移植后两个月可作数次摘心，以促壮苗和防止藤茎相互缠绕遮光。定植初期可人工将主茎导向攀附物。平时管理粗放，适当浇水、施肥即可。

园林用途：爬山虎生长快速，茎蔓纵横，翠叶如屏，秋后叶色变红或变黄，十分艳丽，为垂直绿化的主要树种。适宜配植于住宅墙壁、围墙等处。

同属相近品种：根据其叶色、叶形的变化有多个变种，主要的同属植物有五叶地锦，掌状复叶，小叶5枚，原产中美洲，现我国各地均有栽培。

**3. 凌霄**

紫葳科，凌霄属。别名紫葳、炮仗花。

形态特征：落叶木质藤本。具吸附气根。羽状复叶对生，小叶7~9枚，长卵形，缘具粗锯齿。顶生圆锥花序，花较大，漏斗状钟形，外围橙红色，里面鲜红色。蒴果细长如豆荚，种子薄片状。花期7~9月，果实成熟期10月。

地理分布：原产我国中部，现全国各地均有栽培。

生态习性：喜温暖向阳的环境，也耐阴，稍耐寒。要求排水良好、背风向阳、肥沃湿润的土壤。耐干旱，忌水湿，萌芽性、萌蘖性均强。

繁殖栽培：扦插、压条、分株或播种繁殖。扦插极易生根，春、夏季均可进行，剪取带有气生根的枝条更易成活。分株是将植株基部萌蘖带根掘出，截短后另栽即可。播种繁殖比较少用，一般在春季播种，约10天出苗。定植初期可人工将主茎导向攀附物，萌芽前剪除枯枝和过密枝，以整树形。发芽后可施1次稍浓的液肥，以促进枝叶生长。

园林用途：凌霄长势强健，柔条纤蔓，碧叶红花，是中国园林的传统花木。常用于攀缘棚架、花门、假山外墙的垂直绿化。

同属相近品种：其同属品种有美国凌霄，花冠小，筒长，橘黄色，原产北美洲，现我国各地均有栽培。

**4. 金银花**

忍冬科，忍冬属。别名忍冬、鸳鸯藤。

形态特征：常绿或半常绿木质藤本。缠绕茎，中空。幼枝密生柔毛。叶对生，卵形或卵状长圆形。双花单生叶腋，花冠筒细长，初为白色，渐变成略带紫色，后转为黄色，有芳香。浆果球形，蓝黑色。花期4~6月，果实成熟期8~10月。

地理分布：在我国南、北各省、自治区广为分布。

生态习性：喜光，也耐阴。耐寒，耐旱，也耐水湿。适应性强，对土壤要求不严，酸性、碱性土均能适应。根系发达，萌蘖性强，茎蔓着地即可生根。

繁殖栽培：播种、扦插、压条繁殖均可，但常用扦插法。梅雨季剪取 1~2 年生健壮枝条，截成 20~30 厘米长的小段，去除下部叶片，斜插入土 2/3，随剪随插。苗床行距、株距分别约为 25 厘米、10 厘米，半个月后可生根成活。翌年春季移植，即可开花。生长健壮，管理粗放，花后对新梢适当摘心。对 3~4 年生老株于休眠期应修剪整形，有条件的施以追肥。白粉病对金银花叶片的危害较大，可用粉锈宁 1500 倍液喷雾防治。

园林用途：金银花藤蔓缠绕，翠叶成簇，老叶经冬不落，夏季花开不断，芳香宜人，是花、叶并美的攀缘植物。适宜植于园林中花架、花廊、门架、假山、叠石等处，其老桩还可作盆景。花、茎均可入药。

同属相近品种：同属栽培品种有黄脉金银花、红金银花、紫脉金银花等。

①黄脉金银花：叶有黄色网纹。

②红金银花：花冠外面带红色。

③紫脉金银花：叶脉紫色。

**5. 薜荔**

桑科，榕属。别名凉粉果、鬼馒头。

形态特征：常绿藤本。以气生根吸附于树木或岩石、墙壁上。叶二型，营养枝上叶薄而小，心状卵形；结果枝上叶大而厚，椭圆形。隐头花序单生叶腋。瘦果大，长约 7 厘米，直径约 5 厘米。种子细小，较多。花期 4~5 月，果实成熟期 9 月。

地理分布：我国长江流域及其以南地区至广东、海南等均有分布。

生态习性：喜温暖、湿润的气候，喜阴，耐旱，适宜生长于含腐殖质的酸性土壤。萌芽性强。

繁殖栽培：扦插、播种、压条繁殖。扦插繁殖于生长期内剪取半年至 1 年生枝条，截成长约 20 厘米的小段，去除下部叶片，斜插入沙床或容器内，20~30天即可发根，培育2~3个月可供定植。播种繁殖于9月采收成熟果，经堆沤软熟后，用紧密布袋包裹，在水中搓揉淘出种子。种子忌日晒，宜随采随播或用湿沙储藏至翌春播种。密播于苗床，发芽率不稳定，有的年份较低。栽植土层宜深厚，施足基肥，初期可人工将主茎导向攀附物。每年追肥2~4次，可保持藤叶繁茂。萌芽性强，管理中应注意修剪过密枝蔓，调整分布，以提高绿化效果。

园林用途：薜荔叶片厚实，经冬不落，果形奇特，攀附能力强，覆盖性好，常用于屋面、崖壁、假山的绿化，近来也常用作地被植物。

同属相近品种：其同属异种有花叶薜荔，叶小，具粉红色、乳黄色斑驳。一般作盆栽观赏。

**6. 常春油麻藤**

豆科，油麻藤属。别名常绿油麻藤、过山龙。

形态特征：常绿大型木质藤本。蔓长可达30米。三出羽状复叶，顶生小叶卵状椭圆形，侧生小叶斜卵形，革质，全缘。总状花序生于老干上，花大，蝶形，深紫色。荚果条形有缢缩，长可达60厘米。花期4~5月，果实成熟期10月。

地理分布：产于我国西南、华南至华东地区，常生于石灰岩上。

生态习性：喜温暖、湿润的气候，耐阴，耐旱，耐寒。对土壤要求不严，适应性强，但以排水良好的石灰性土壤最适宜。生长快速，对所缠绕的其他树具绞杀性。

繁殖栽培：以扦插、播种繁殖为主。硬枝扦插于早春树液流动前选取1~2年生枝条（带3~4个芽），剪成插穗，扦插入土2/3左右。插后浇水，在畦面搭小拱棚并盖透光率为30%~40%的遮阳网，以遮阳保湿。嫩枝扦插一般在5~9月进行，插穗剪取与硬枝相同，留1~2枚叶片，随采随插，插前可用50毫克/升的ABT生根粉浸泡半小时至1小时，取出后立即插入基质。播种繁殖可在秋季随采随播，也可干藏至翌春播种。常春油麻藤种子较大，宜用点播，播前浸种有利于发芽整齐。4 月中、下旬出苗，到 5 月蔓长可达 40 厘米，随后移苗至苗圃。需搭临时棚架供其攀缘。

园林用途：常春油麻藤茎蔓粗壮，枝繁叶茂，紫色花序及褐色条形荚果悬挂于盘曲老茎中，奇丽美观，适用于大型棚架、绿廊、围栏等。

同属相近品种：同属品种有白花油麻藤、宁油麻藤等。

①白花油麻藤：花灰白色。

②宁油麻藤：萼生柔毛及棕色硬毛。

**7. 雀梅藤**

鼠李科，雀梅藤属。别名雀梅、对节刺。

形态特征：有刺攀缘灌木，常绿或半常绿。叶近对生，卵形或椭圆形。花小，淡黄色，穗状圆锥花序。核果近球形，熟时紫黑色。花期 9~10 月，果实成熟期翌年 4~5 月。

地理分布：原产我国东南沿海地区。日本、印度也有分布。

生态习性：喜温暖、湿润的气候。对土壤要求不严，酸性、中性土均能适应。耐瘠薄、干旱，在半阴处生长尤盛。

繁殖栽培：扦插、压条或播种繁殖。于 3 月或梅雨季节选用健壮的 1~2 年生枝条扦插繁殖；也可在 4~6 月进行压条繁殖；还可在采收成熟果实后，随采随播，或阴干后播于苗床培养苗木。在我国长江以南地区还常挖掘野生老桩或幼树，经地栽“养坯”成活后上盆制作盆景。雀梅喜潮湿的环境，生长期应保持湿润，但忌过湿。春季萌动前移植，需带宿土或泥球。

园林用途：雀梅藤枝叶斜展横出，疏密有致，可配置于山坡岩间、陡坎石壁、假山等处。因其有刺，用作绿篱效果较佳。同时也是传统树桩盆景的重要材料，素有树桩盆景“七贤”之一的美称。

同属相近品种：同属品种有梗花雀梅藤，花绿白色，核果红色。

**8. 络石**

夹竹桃科，络石属。别名万字茉莉、石龙藤、白花藤。

形态特征：常绿藤本。有乳汁，具气生根。单叶对生，脉间常呈白色。聚伞花序顶生或腋生，花白色。蓇葖果双生，细条状，种子上有毛。花期5月，果实成熟期11月。

地理分布：产于我国东南部，在黄河流域以南各地均有分布。

生态习性：喜光，耐阴。耐干旱，忌水湿。在阴湿而排水良好的酸性或中性土壤中生长旺盛。

繁殖栽培：播种、扦插及压条繁殖。11月采收果实，将果实晒干至开裂，搓出种子并晒干储藏，至翌年3月播种。生产中多用扦插繁殖，于3月中、下旬选用半年至1年生嫩茎，截成约10厘米长的插穗，保留上部1对叶片，扦插较易成活。宜将插穗先浸水数小时，洗去剪口乳汁胶结，然后插入沙床或容器，约30天可发根。培育3~4个月，当年可出圃定植。栽培容易，管理粗放。

园林用途：络石四季常青，藤蔓缠绕，花白似雪，果形奇特。园林中常将其攀附于墙壁、枯树上或专设小型支架，也可点缀假山、陡壁或用作林下地被植物。

同属相近品种：同属品种主要有斑叶络石、紫花络石和锈毛络石等。

①斑叶络石：叶具白色或浅黄色斑纹，边缘乳白色，常作盆栽观赏。

②紫花络石：花紫色。

③锈毛络石：各部覆锈色毛。

**9. 七姐妹**

蔷薇科，蔷薇属。别名十姐妹。

形态特征：落叶藤本。有刺。叶互生，奇数羽状复叶。7~10朵花集生成伞房花序，花重瓣，粉红色，有芳香。果实近球形，橙红色。花期5~7月，果实成熟期9~10月。

地理分布：产于我国华东、中南、西南等地区。

生态习性：喜日照充足、空气流通、排水良好的环境。不耐水湿，喜肥，土壤酸碱度pH值为6~7。抗大气污染能力弱，烟尘、酸雨及有害气体会妨碍其生长发育。耐寒，耐修剪，长势强健。

繁殖栽培：嫁接和扦插繁殖。嫁接以野蔷薇为砧木，在2月萌芽前或生长季节进行，一般采用芽接或枝接。扦插以春、秋两季为主，剪取带踵枝条作抽穗，即1年生枝基部带有一小段2年生枝，可提高生根成活率。插穗长7~10厘米，3~4节，扦插深度为全长的1/2~2/3，插后浇透水。插床经常喷水，加强管理，是插穗生根成活的关键。扦插前可用浓度为500~1000毫克/升的萘乙酸或ATP生根粉溶液速蘸1~30秒，有促进生根的良好效果。此外，修剪也是一个重要的管理措施。冬季先剪除5年生或更老的枝条直至基部，保持5~7个主枝。然后将所有侧枝剪短，只留3~4芽，供开花用。在生长过程中，应及时防治蚜虫、蔷薇叶蜂等病虫害。

园林用途：七姐妹花团锦簇，花期长，园林中可植为花架、花篱、绿廊，也可植于院墙旁或立交桥挂箱内，让其攀缘悬垂，为良好的观花垂直绿化材料。

同属相近品种：同属品种有野蔷薇、粉团蔷薇、多花蔷薇、荷花蔷薇等。

**10. 铁线莲**

毛茛科，铁线莲属。别名番莲。

形态特征：多年生木质藤本。藤蔓瘦长而质硬，节部膨大，长可达4米。叶对生，二回三出复叶。小叶卵形或卵状披针形，全缘或2裂。花单生于2年生枝叶腋，白色或乳白色，无花瓣，花梗细长，萼片瓣化，共有4~8枚，直径5~8厘米。瘦果，宿存羽状长花柱。花期6月，果实成熟期7~8月。

地理分布：原产我国中南部，常与灌木丛伴生于山谷、溪边。

生态习性：喜温暖、湿润、半阴的环境。极耐寒，可耐−20℃的低温。忌水湿，耐旱，要求肥沃、排水良好的立地条件，喜含锰盐的碱性壤土。生长旺盛，适应性强。植株上部需充足阳光，而下部要求遮阳。

繁殖栽培：扦插、压条和播种繁殖。扦插于6~7月选取半成熟枝条，截成10~15厘米长并带两个芽的小段。插床基质为泥炭和细沙各半，插后15~20天生根。压条于早春取上年生成熟枝条，稍刻伤，埋入3~4厘米深的土内，保持土壤湿润，当年能生根。播种于秋季采种，层积沙藏至翌年春播，播后3~4周发芽。春季栽植，施足基肥，特别要注意排水。盆栽时根部应入土约5厘米。在生长前期需要充足的水分，否则会引起嫩枝萎蔫，但本种具有良好的耐旱性，后期可适当保持土壤干燥。铁线莲枝条较脆，易折断，应注意固定。修剪方法为栽植后第一年2~3月间，将所有枝条截短至30厘米左右，第二年将所有枝条截短至100厘米左右，第三年将所有枝条截短至第一对饱满的侧芽之上。铁线莲的抗病虫害能力较强，常见病害有枯萎病、粉霉病和病毒病，可用10%抗菌剂401醋酸溶液1000倍液进行喷洒防治；虫害主要有红蜘蛛、刺蛾等，可用50%杀螟松乳油1000倍液进行喷洒防治。

园林用途：铁线莲为著名的观花藤本植物，也是重要的垂直绿化材料，常用于装饰墙篱、花架、花柱、拱门、假山等，也可用作地被植物。大花品种盆栽可布置阳台、窗台和室内，还可用作切花。

同属相近品种：同属品种有毛叶铁线莲、大花铁线莲、南欧铁线莲、重瓣铁线莲等。

**11. 小叶扶芳藤**

卫茅科，卫茅属。别名爬行卫茅。

形态特征：常绿木质藤本。叶对生，节间距1~2厘米，叶边缘疏生细锯齿，叶长1~1.5厘米，宽约0.6厘米，先端钝尖，霜冻后叶色转为深红色，节处有气生根。花小，白色。果实成熟时为褐色，果实成熟期10月。

地理分布：分布于我国浙江、安徽、江西、四川、湖南等省。

生态习性：抗逆性强，能耐40℃以上的高温，又能耐低温，耐干旱。耐曝晒，又能耐阴，在遮光70%的条件下可正常生长。耐水湿，浸水3~4天不影响成活。生长速度较快，每年生长达1.2米以上。耐盐碱，耐瘠薄，对土壤的适应性强。萌芽性强，更新能力强。极耐修剪，在修剪后，对生芽极易萌发成条，形成致密的树冠，不会出现残冠、光腿现象。根系发达，栽植易成活，保土能力强。

繁殖栽培：扦插、压条繁殖。扦插极易成活，但压条繁殖更为省工有效。扦插育苗在当年生枝上剪取长约5厘米的插穗，上留两对叶片，将其插于河沙中，保持插床潮湿，气温较高时5~7天即可生根。冬天扦插应盖薄膜保温。埋条压条繁殖，在高15厘米、宽100厘米的苗床上铺以草炭、熟土、沙的比例分别为3:1:1的床土，厚12~15厘米。床面用0.2%的高锰酸钾溶液消毒，24小时后浇清水，使床土含水量为60%左右。剪取枝条嫩茎并截成1.5~2厘米的短枝，每一短枝保留2~3个叶芽。将短枝均匀撒布于床面，轻压使其与基质紧贴，再撒一层薄薄的床土加以覆盖，浇水保湿并搭棚遮阳。1周后逐步炼苗，用100倍磷酸钙或0.5%的磷酸二氢钾肥液或薄人粪尿喷施1~2次。经40~150天后即可移植。该植物栽培容易，管理粗放，病虫害很少。

园林用途：小叶扶芳藤枝叶密生，入秋后红叶艳丽可爱。其攀缘性、匍匐性很强，能利用气生根攀附墙面、石壁、假山，或攀缘于老树之上，非常优美。该植物既适宜垂直绿化，又是良好的露天或林下地被植物。适宜作堤坝、公路等的护坡，或栽于乔木林、立交桥下，也可作为高架桥挂箱的垂挂植物或室内盆栽观赏。

同属相近品种：同属品种有斑叶扶芳藤、纹叶扶芳藤等。

**12. 葡萄**

葡萄科，葡萄属。

形态特征：落叶藤本。具卷须。叶互生，心形或掌状裂叶，纸质。圆锥花序大而长，花小，淡黄绿色。浆果椭圆形，覆白粉。花期5~6月，果实成熟期8~9月。

地理分布：原产欧洲、西亚等地，我国有广泛栽培。

生态习性：喜温暖、阳光充足和较干旱的气候，较耐寒。对土壤要求不严，在肥沃、排水良好的沙壤土（pH值为5~7）上生长良好。

繁殖栽培：以扦插繁殖为主，也可用压条、嫁接繁殖。扦插

繁殖极易成活，冬季落叶后剪取健壮的1年生枝条，沙藏至翌年春季扦插，成活率高。压条是将母株的枝条埋压在浅土中，3~6月均可进行。嫁接选抗性强的品种作砧木，在春季进行枝接。移植宜在春、秋两季进行。栽培容易，注意施肥、通风、透光。另外还要注意防治病虫害，主要有灰霉病、炭疽病、白腐病和红蜘蛛、叶蝉等。成株在每年冬季落叶后修剪一次。

园林用途：葡萄果实累累，绿叶青翠，藤蔓延展力强，是优良的观果植物。园林中常用于棚架、门廊、长廊、花架的覆盖绿化，也可作盆栽观赏。

同属相近品种：同属品种有山葡萄、刺葡萄、温州葡萄、红叶葡萄等。

**13. 木香**

蔷薇科，蔷薇属。别名木香藤。

形态特征：半常绿攀缘灌木。枝绿色，近无刺。奇数羽状复叶，小叶一般为3~5枚，很少为7枚，长椭圆形，叶缘具细锯齿。伞房花序，花白色或黄色，单瓣或重瓣，有芳香。果实红色，近球形。花期4~7月，果实成熟期10月。

地理分布：产于我国南部、西南部地区，常生长于山区灌木丛中。现全国各地有广泛栽培。

生态习性：喜光，较耐寒，耐热，忌水湿，喜排水良好而肥沃的沙质土壤。萌芽性强，耐修剪。生长快，易管理。易抽生拱形长枝，长枝第2年均能密生短花枝。

繁殖栽培：扦插、压条和嫁接繁殖。硬枝扦插一般于初春、秋末进行，选用生长强健的当年生枝作插穗，扦插后浇透水并搭塑料拱棚防寒；嫩枝扦插可在梅雨季进行，需搭棚保湿并加强管理。压条在初春至初夏进行，入土部位需刻伤，以提高发根能力。嫁接宜选用野蔷薇或十姐妹作砧木，可于12月至翌年1月在室内切接，或于2~3月进行露地切接，容易成活。栽培管理简便，休眠季节可裸根移植，并对枝蔓作强修剪。为控制树形，冬季需适当修剪，剪除密生枝、纤弱枝、衰老枝，以利通风透光。

园林用途：木香芳香宜人，花繁叶茂，花朵或洁白似雪，或灿如锦缎，是传统的优良棚架材料，尤以花香闻名。常用作花架、花格墙、篱栏、崖壁的垂直绿化材料，也可作盆栽和切花。

同属相近品种：同属品种有白木香、重瓣白木香、黄木香、重瓣黄木香和大花白木香等。

①白木香：花白色，单瓣。

②重瓣白木香：花白色，重瓣，有芳香。

③黄木香：花黄色，单瓣。

④重瓣黄木香：花黄色，重瓣，无芳香。

⑤大花白木香：花径 5~6 厘米，单生或两朵并生，重瓣，白色。

**14. 中华猕猴桃**

猕猴桃科，猕猴桃属。别名猕猴桃、藤梨、羊桃。

形态特征：落叶大藤本。缠绕茎，新梢黄绿色或棕褐色，密生绒毛；2 年生枝紫褐色，有疏毛；花枝灰褐色或黑褐色，无毛或少毛。单叶互生，有长柄，叶宽卵形或三角状倒宽卵形，先端尖或平截，具凹缺，叶缘有细锯齿，叶背面有绒毛。雌雄异株，单性花，也有雌雄同株异花和杂性植株。聚伞花序，小花 3~6 朵，花初放时为白色，后变为黄色，有芳香。浆果椭圆球形，黄褐色，密布棕色绒毛，味美可食。花期 4~5 月，果实成熟期 10~11 月。

地理分布：分布极为广泛，遍布我国 20 多个省，其中以河南伏牛山区、陕西秦巴山区、湘西山区为最多，江西、浙江、江苏、安徽等地也较多，常生于海拔 200~600 米的山区林中。

生态习性：喜温暖湿润、阳光充足、土壤肥沃、排水良好的环境。稍耐阴，不耐旱，忌水湿，长期积水则会引起枯萎死亡。对土壤的适应性较强，在酸性、中性土上均能生长，尤喜土层深厚、肥沃、疏松的腐殖质土，忌黏性土、易渍水及瘠薄的土壤。肉质根，主根不发达，侧根和细根多而密集。萌芽性强，有较好的自然更新能力。幼苗喜阴凉，忌强光直射。

繁殖栽培：播种、嫁接和扦插繁殖。播种于 10 月上旬采收果实后堆放成熟，将种子洗净阴干，放入布袋干藏至翌年春季播种。嫁接砧木用种子繁殖的实生苗，取优良品种枝条为接穗，在早春萌芽前枝接。扦插可于梅雨季用嫩枝扦插，插后需遮阳，1个月左右即可发根。春、秋两季移植均可，为保持良好树姿，冬季需修剪整形。同时，注意防治蛀梢螟、卷叶蛾等病虫害。

园林用途：中华猕猴桃是优良的观花、观果藤本，花香果圆，可配植于花架、门廊、假山、老树旁，任其攀缘缠绕，别有一番野趣。

同属相近品种：同属品种有小叶猕猴桃、毛花猕猴桃、两广猕猴桃、软枣猕猴桃等。

（孙晓萍　杭州市绿化管理站高级工程师
崔　寅　杭州市绿化管理站工程师）

# 第十章　地被类植物

**1. 白穗花**

百合科，白穗花属。别名白穗草。

形态特征：多年生常绿草本。具粗短圆柱形的根状茎及细长的匍匐茎。叶基生，旋叠状，近直立，长椭圆形。总状花序，着花 12~30 朵；花单生，白色。浆果近球形。花期 6 月，果实成熟期 7~8 月。

地理分布：原产我国长江流域的江苏、浙江、安徽、江西、湖北等省。

生态习性：喜温凉、湿润的环境，野生于富含腐殖质的酸性黄壤或红壤土的山地林下、溪旁或背阴山坡。较耐寒，耐阴性强，也耐旱。

繁殖栽培：分株或播种繁殖。分株繁殖以春、秋季较好。播种繁殖在种子采收后即可进行。园林栽植比较容易，前期要注意遮阳及保持土壤湿润，成活率比较高。

园林用途：白穗花叶形美观，植株整齐，终年常绿，加之耐阴耐寒，园林中常作地被植物种植于林下及林缘，效果极佳。

**2. 铃兰**

百合科，铃兰属。

形态特征：多年生宿根草本，高 20~25 厘米。根状茎平展而多分枝，先端具椭圆形的顶芽。每年春季从顶芽处长出 2~3 枚卵形具弧状脉的叶片，基部抱有数枚鞘状叶，花茎从鞘状叶内抽出，总状花序偏向一侧。花白色，呈铃状，下垂，有浓郁芳香。浆果球形，红色。

地理分布：原产欧洲、亚洲各地，现各国多有引种栽培。我

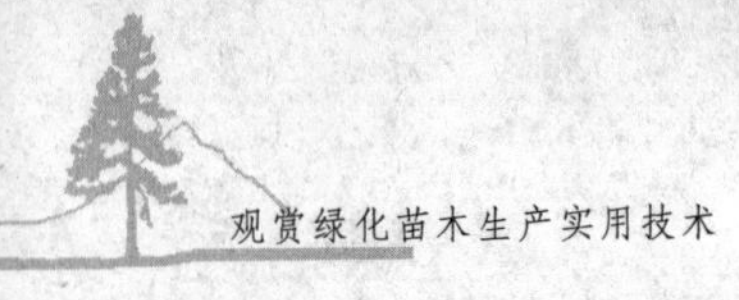



国东北、华北地区林下有野生分布。

生态习性：喜温暖、湿润的环境，耐寒，耐阴，忌炎热、干燥。以湿润、半阴、凉爽而腐殖质深厚的沙质壤土上生长良好。

繁殖栽培：以分株繁殖为主，也可用播种繁殖。其根茎上有许多大小不一的幼芽，秋季待地上部枯萎后挖起根茎，将每个顶芽带茎段剪切下来分植，即能长成新株，一般翌年均能开花。播种繁殖是从秋季红熟的果实中洗出种子后，将种子直接播于露地苗床，翌年春季可发芽。苗床宜保持湿润并适当遮阳，及时拔除杂草。幼苗生长缓慢，一般3~4年才能开花。

园林用途：铃兰植株矮小，花朵芳香，耐阴性强，是林下、林缘极好的阴生地被植物。在自然岩石园中丛植或与草坪、花径混植，坡地片植，均有雅致的观赏效果。

**3. 钓钟柳**

玄参科，钓钟柳属。

形态特征：多年生宿根草本，高约60厘米。枝条直立，丛生性强，基部常木质化。茎、叶均生绒毛。单叶对生，卵形或窄卵状披针形，叶缘有细锯齿。花单生或3~4朵生于叶腋总梗上，呈总状花序；花色丰富，有白色、粉红色、紫红色、玫红色、雪青色等颜色。花期5~6月或8~10月。

地理分布：原产墨西哥及危地马拉。我国有引种栽培，江、浙地区均有种植。

生态习性：喜温暖、湿润的环境，忌炎热、干旱。耐寒，冬季0℃左右的气温有利于翌年春季开花良好。喜光，耐半阴。要求排水良好的石灰性土壤，具有一定的耐盐碱能力，忌酸性土。

繁殖栽培：播种、扦插和分株繁殖均可。播种以早秋8~9月进行为宜，可形成较大的株幅。种子在20~30℃的条件下经2~3周发芽，但发芽不整齐。扦插一般在秋季进行，于10月剪取枝梢，剪除下部叶片，插入苗床，注意保湿，一般1个月左右即可生根。如地栽，则可于翌年春季3月定植，株距约30厘米。钓钟柳忌水湿，夏季要注意排水防涝。为促使春季早发，冬季应施基肥。

园林用途：钓钟柳具常绿基生叶，株形整齐，整体花期长，花色艳丽，管理简单粗放。适宜作为背景植物种植，也宜盆栽观赏。

**4. 六月雪**

茜草科，六月雪属。别名满天星。

形态特征：常绿矮生小灌木。叶对生，有短柄，通常为卵形至披针形。花白色，几乎无梗，簇生小枝顶。核果小，近球形。花期 6~9 月，果实成熟期 10 月。

地理分布：原产我国，广布于长江中下游及南方各省。

生态习性：喜温暖、阴湿的环境，不耐寒。喜肥沃的沙质壤土。萌芽性与萌蘖性均强，耐修剪。

繁殖栽培：多采用扦插繁殖。休眠枝扦插最好于 2~3 月间进行，半成熟枝扦插宜在 6~7 月进行，需搭棚遮阳。扦插后注意浇水，保持苗床湿润，极易成活。植株四季均可栽植，以 2~3 月为最好，管理较粗放。

园林用途：六月雪枝叶密集，白花盛开时，洁白可爱。园林中常作花篱，也作林下地被种植，或配置于山石、岩缝，同时又是极好的盆景材料。

同属异种：同属品种有白马骨，叶小，对生成簇。花小，白色带红晕。其生态习性及园林用途可参照“六月雪”。

**5. 虎耳草**

虎耳草科，虎耳草属。

形态特征：多年生草本。匍匐茎，全株生有柔毛。叶基部丛生，叶柄长，叶面绿色，叶背和叶柄酱红色，心状圆形，边缘波浪状有钝齿。圆锥花序，花小，白色，具紫斑或黄斑。花期 4~5 月。

地理分布：原产我国与日本，江、浙一带多有野生分布。

生态习性：喜半阴、凉爽、空气湿度高、排水良好的环境。不耐高温、干燥。在夏季炎热季节生长缓慢，入秋后恢复生长。

繁殖栽培：分株或播种繁殖。可随时剪取匍匐茎节已生根的小植株移植，每株 1 盆，注意遮阳并经常喷水保持湿度。入秋后需增加浇水、施肥，以促进植株生长。

园林用途：虎耳草耐阴喜湿，是极好的林下潮湿地块的地被材料，也可用于岩石园或室内盆栽悬挂。

**6. 落新妇**

虎耳草科，落新妇属。别名新升麻。

形态特征：多年生宿根草本，高40~80厘米。地下根状茎粗大，须根多。基生叶为2~3回三出羽状复叶，小叶卵状长形，边缘具重锯齿；茎生叶2~3枚。圆锥花序顶生，密生棕色长柔毛；花密集，萼片5裂，花瓣紫红色。蓇葖果枯黄色，种子褐色。花期5~6月，果实成熟期9~10月。

地理分布：原产我国长江流域至东北各地，朝鲜等国也有分布。常野生于山谷、溪边、林下等。

生态习性：喜湿润而富含腐殖质的酸性和中性壤土，稍耐碱性。耐半阴，较耐寒，忌酷热。

繁殖栽培：以播种繁殖为主，也可分株繁殖。于9~10月采种后，晒干脱粒去杂，干藏越冬。发芽适温25~30℃，春、秋季播种均可。春季3月播种，上覆一层薄薄的营养土，以盖住种子为宜，再覆薄膜，保持土壤湿润。发芽出土后要及时揭膜并遮阳。见真叶时可间苗，苗高约5厘米时间开始移植，栽后要经常浇水保湿并遮阳。分株可在根状茎有芽鳞处进行分割，选择阴处或搭棚遮阳栽培。种植后要及时松土，浇水，施肥1~2次。第2年即会开花，花后应剪去花茎。

园林用途：落新妇是极耐寒的多年生宿根花卉，叶形、花柱都很雅致，栽培管理简单。宜配植于开阔的林地、溪边、湖边、林下或林缘，也可丛植、群植或混植。

**7. 岩白菜**

虎耳草科，岩白菜属。

形态特征：多年生常绿草本，高25~45厘米。地下根状茎粗大。叶大而肥厚，倒卵形，互生呈簇生状，叶色深绿，温度低时叶色变为红色。总状花序松散，小花玫瑰红色。种子细小。花期

5~6 月。

地理分布：原产我国西南部海拔 2000~4000 米的高山、草坡、林下或岩石缝中。

生态习性：喜温暖、湿润的半阴环境及排水良好的土壤。不耐寒，忌干旱、酷热。

繁殖栽培：播种、分株繁殖均可，以播种繁殖为主。

园林用途：岩白菜花期长，花色鲜艳，园林中多用于岩石园或林下栽植，也适宜盆栽观叶赏花。

**8. 垂盆草**

景天科，景天属。

形态特征：多年生肉质草本，高 10~20 厘米。匍匐茎纤细，全株光滑无毛，近地面茎节易生根。叶 3 枚轮生，倒披针形至长圆形，先端尖。花小，黄色，无柄，排列在顶端，呈二歧分出的聚伞花序。种子细小，卵圆形。花期 7~9 月。

地理分布：原产我国及朝鲜、日本，我国东北、华北及江、浙一带均有分布。野生于低山岩石、山谷或沟边长有苔藓的石头和农村的房屋顶上。

生态习性：耐寒，耐旱，耐水湿，耐贫瘠。喜半阴环境和肥沃的黑沙壤土。

繁殖栽培：分株繁殖。一般于 4~5 月或秋季用匍匐茎进行分株繁殖，长势特别强健，能节节生根。为防夏季高温日晒，需适当遮阳。养护管理简便，生长期间要保持土壤湿润。

园林用途：垂盆草绿色期长，是园林中较好的耐阴地被植物，可栽植于林下、林缘作地被。由于其肉质叶肥厚多汁，不耐践踏，最好植于封闭绿地中，也可用作屋顶绿化及花坛镶边材料。

**9. 淫羊霍**

小檗科，淫羊霍属。

形态特征：多年生宿根草本，高 15~30 厘米。根状茎质硬，横走，须根多。基生叶叶柄很长，二回三出复叶，小叶卵形，叶缘有刺毛状细齿。总状花序着生花 4~6 朵；萼片花瓣状，紫红色；

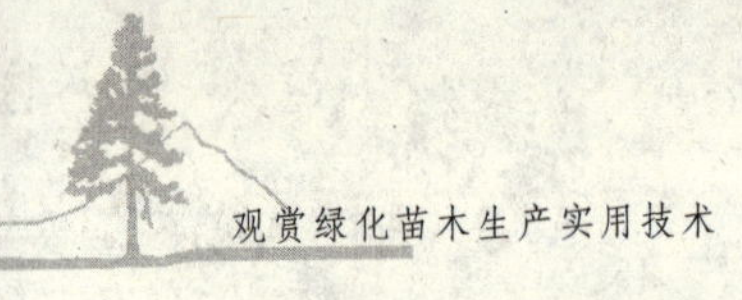



花瓣4枚，白色，有长距。果实卵形。

地理分布：原产我国，分布于江苏、山东、湖北、湖南、江西、广西、贵州、四川等地，浙江也有栽植应用。常野生于山林或坡地阴湿处。

生态习性：喜潮湿且排水良好的半阴环境。

繁殖栽培：以分株繁殖为主，也可用播种繁殖。

园林用途：淫羊藿耐阴湿，园林中多种植于林下、林缘或岩石园用作地被覆盖，也可用于布置花丛等。

**10. 葱兰**

石蒜科，葱兰属。别名葱莲、白玉帘。

形态特征：多年生常绿草本，高15~20厘米。具小而颈部细长的鳞茎。叶基生，线形，稍肉质，深绿色。花葶中空，自叶丛一侧抽出，高15~25厘米；花顶生于红褐色膜质苞片内，呈白色或略具紫红晕；花被6枚，椭圆状披针形，无筒部。蒴果三角球形，成熟时室背开裂。花期7月下旬至11月初。

地理分布：原产南美洲。我国园林中栽培广泛。

生态习性：喜阳光充足、排水良好、肥沃而略带黏性的土壤，耐半阴。耐寒，江、浙一带可露地越冬。

繁殖栽培：以分株繁殖为主。春季分栽子球，一般3~4球栽植一丛。葱兰生长强健，管理简便粗放，栽植后可过3~4年分栽一次，不需多加管理。

园林用途：葱兰植株低矮，花期较长，耐寒性强，园林上常用作林缘、林下、坡地的地被植物，也可作花坛及园林路边的镶边植物。

同属异种：同属品种主要有韭兰，又称韭莲，红玉帘。鳞茎圆形，比葱兰的略大。叶扁线形。苞片红色。花漏斗形，花被裂片倒卵形，粉红色。花期6月中旬至9月底。原产墨西哥、古巴等地。其生态习性和繁殖栽培与葱兰的相同，但耐寒性、耐阴性稍差。

### 11. 射干

鸢尾科，射干属。别名扁竹兰。

形态特征：多年生宿根草本，高 50~100 厘米。地下茎短而坚硬。叶片剑形，扁平，互生，稍生白粉。伞房花序顶生，花橙色至橘黄色，花被 6 枚，花谢后花被呈旋转状。蒴果椭圆形，种子黑色有光泽。花期 7~8 月。

地理分布：原产我国及日本、朝鲜、印度等国。我国南、北各省均有分布。

生态习性：要求排水良好及日光充足的环境，喜干燥，耐寒性强。对土壤要求不严，以沙质壤土为佳。

繁殖栽培：一般采用分株繁殖，也用播种繁殖。春季 3 月挖出根状茎，分切根茎，使每段带芽 1~2 个，待切口稍干后栽种，约 10 天出芽。播种繁殖可春播或秋播，春播在 3 月初进行，秋播在 10 月进行。播种后约半个月出苗，实生苗 2~3 年开花。栽培管理容易，春季萌芽后及花期前后略施薄肥即可，以促进植株生长和开花繁盛。

园林用途：射干在园林中常片植、丛植于山坡林缘或隙地，也可作切花材料。

同属异种：同属品种有花脸射干、纯黄射干、矮射干等。其中矮射干植株低矮，花淡黄色，无赤色斑点，初秋开花。原产日本，我国也有栽培。

### 12. 麦冬

百合科，山麦冬属。别名土麦冬、麦门冬。

形态特征：多年生常绿草本。根状茎粗短，下生许多须根，须根中部常膨大呈纺锤形的肉质块根。具地下匍匐茎，故地上植株呈散生状。叶丛生，线形，花葶从叶丛中抽出，其上着生总状花序。花淡紫色。浆果圆形，蓝黑色。花期 8~9 月。

地理分布：原产我国及日本。在我国许多地区均有分布。

生态习性：喜阴湿，耐旱，耐寒性强。对土壤要求不严，以湿润肥沃为宜，长江流域终年常绿，黄河流域可露地越冬。

繁殖栽培：以分株繁殖为主，也可用播种繁殖。分株繁殖最宜在春季 3~4 月进行。播种繁殖可用春播或秋播，但以春播为好。播后保持土壤湿润，一般 10 天左右出苗。适合栽植在通风良好的半阴环境中并施以肥料。

园林用途：麦冬植株低矮，叶丛终年常绿，且具匍匐生长的习性，是一种良好的地被植物。宜作林下铺植或花坛、花径的镶边材料，还可作为草坪种植。

同属异种：同属品种有阔叶麦冬、麦门冬等。

①阔叶麦冬：不具地下匍匐茎。叶宽线形，稍成镰刀状。花葶常高于叶丛。原产我国东北、华北、华东、华南地区。喜湿润稍阴的环境，宜植于林下作地被植物，也可植于大盆作室内观赏植物，寓吉祥如意。

②麦门冬：又称寸冬、禾叶土麦冬。叶较窄，具地下匍匐茎。植株低矮，可作为草坪种植。

**13. 吉祥草**

百合科，吉祥草属。

形态特征：多年生常绿草本。根状茎匍匐生长。叶簇生于根茎顶端，带状披针形。花葶从叶丛中抽出，短于叶丛，顶生疏散穗状花序。花紫红色，花期在夏、秋之间。浆果球形，红色，挂果期较长。

地理分布：原产我国及日本。在我国浙江山区有野生分布。

生态习性：喜温暖、阴湿的环境。野生种常生于阴湿的山坡、山谷等地。对土壤要求不严，但以排水良好的沙质壤土为宜。较耐寒，在上海、江苏等地均可露地越冬。

繁殖栽培：以分株繁殖为主，也可用播种繁殖。分株繁殖在四季均可进行，尤以春、秋为佳，成活率高。因其结籽不多，通常生产上不采用播种繁殖。栽植管理比较粗放，成活容易。

园林用途：吉祥草株丛低矮，生性强健，耐阴性、萌蘖性强，根系发达，栽后覆盖速度快，为较好的林下、林缘地被材料。

同属异种：同属品种有花叶吉祥草，叶有白色条斑，观赏效果好。

**14. 玉簪**

百合科，玉簪属。

形态特征：多年生宿根草本，高 30~50 厘米。根状茎粗壮，有多数须根。叶基生成丛，卵形至心状卵形，具长柄，弧形脉明显。顶生总状花序，高出叶丛，着花 10~15 朵；花管状漏斗形，淡紫色，有芳香；一般傍晚开放，次日晚凋谢。蒴果三棱状圆柱形。花期 5~6 月。

地理分布：原产我国西南、华东地区及韩国、日本等国，现世界各地都有栽培。

生态习性：耐寒，忌强光照射，在阴处生长繁茂。对土壤要求不严，喜阴湿、深厚肥沃且排水良好的沙质土壤。霜后地上部枯萎，以根状茎和休眠芽在地下越冬。

繁殖栽培：分株或播种繁殖。以分株繁殖为主，春、秋季均可进行，将根状茎分割成段，每段带 2~3 个芽眼，进行分栽，新株当年即可开花。如大量繁殖可用播种繁殖，一般于早春在温室或大棚内进行，待小苗长大后即可移至阴处种植，栽植前施足基肥，2~3 年即可开花。

园林用途：玉簪作为耐阴花卉，园林中宜作阴处的基础种植或林下、林缘、花径或庭园阴湿处种植，或植于建筑物阴处，颇有自然气息。

同属异种：同属品种有狭叶玉簪、波叶玉簪等。

①狭叶玉簪：叶卵状披针形至披针形，花淡紫色，植株较小。其变种嵌玉狭叶玉簪，叶具白边或为花叶；原产日本，我国也有栽培；常作盆栽观赏。

②波叶玉簪：又名皱叶玉簪，叶卵形，叶缘微波状，叶面有乳黄色或白色纵纹。适宜作为室内盆栽观赏，江、浙一带也有大面积的林下种植。

**15. 紫萼**

百合科，玉簪属。别名紫花玉簪。

形态特征：多年生宿根草本，高 40~60 厘米。根状茎粗壮。叶基生，卵形或菱形，叶柄边缘常下延呈翅状。花葶由叶丛中抽出，明显高出叶面，顶生总状花序。花淡紫色。花期 5~6 月，花期短。

地理分布：原产我国、日本及西伯利亚等地，在我国华东、华南、西南地区多有分布，现全国各地广为栽培。

生态习性：耐寒，耐旱，忌强光，喜阴湿。在肥沃、疏松、排水良好的沙质土壤上生长最佳。

繁殖栽培：参照“玉簪”。

园林用途：紫萼植株较矮，叶片小而密生，可作地被植物，也可用作宿根花坛材料。

16. 萱草

百合科，萱草属。别名黄花菜、忘忧草。

形态特征：多年生宿根草本。具短的根状茎和纺锤状肉质块根。叶基生，线状披针形。花葶高出叶面，圆锥花序，花橘红至橘黄色，阔漏斗形，朝开暮落。花期 6~7 月，整株花期达 20~30 天。

地理分布：原产我国秦岭以南各省，欧洲南部及日本均有分布。

生态习性：喜光，也耐半阴。耐寒，块茎在北京可越冬。耐干旱、瘠薄，对土壤要求不严，在排水良好并富含腐殖质的湿润土壤中生长良好。

繁殖栽培：分株、播种繁殖。分株繁殖在春、秋季均可进行。结合翻栽，分切母株地下茎，使每丛带 2~3 个芽，栽植于施有堆肥的土壤中，翌年夏季即可开花。播种繁殖春、秋季均可，一般采种后即播，翌春发芽。栽培管理较容易，只要生长期间适时浇水施肥，雨季注意排水，除草松土即可。

园林用途：萱草适应性强，春季发芽早，绿叶丛状从土中长出，甚为美丽；夏季开花且花期长，为优良的园林绿化植物。多丛植或片植于路旁、溪边，也可作疏林地被及岩石园栽植。

同属异种：萱草的同属品种比较多，常见的有重瓣萱草、长筒萱草、玫瑰红萱草、大花萱草、北黄花萱草等。其中北黄花萱草叶片深绿色，带状。花6~9朵，呈顶生疏散圆锥花序，花淡柠檬黄色，浅漏斗形，具芳香，花葶高出叶面，花期5~7月，花蕾为著名的“金针菜”，可供食用。原产我国。

**17. 白花三叶草**

豆科，车轴草属。别名白花苜蓿。

形态特征：多年生宿根草本。匍匐茎无毛。叶从根茎或匍匐茎节长出，具细柄，小叶3枚，几乎无柄，叶缘具细锯齿。总状花序，由数十朵小花密集成头状花序，花白色。花期4~5月。

地理分布：原产欧洲，现全世界广为种植。我国新疆、四川、云南、贵州等地有野生种分布。

生态习性：喜温暖、向阳的环境和排水良好的粉沙壤土或黏壤土，不适应盐碱地。耐寒，耐热，耐霜，耐旱，耐践踏，不太耐阴。

繁殖栽培：播种繁殖。可在春季3月或秋季10月中旬前后条播或撒播，长江流域及其以南地区以秋播为主。播种时最好将种子与干土、肥料混合后撒播，播种量一般每亩为0.5千克左右。贫瘠土壤播种前要适当施基肥。夏季要重视管理，以防植株枯黄。入夏前如作刈割，则应加强灌溉，以保持植株绿色。

园林用途：白花三叶草抗性强，适应性广。园林上广泛用于坡地、道路、林缘的种植绿化，是极好的地面覆盖材料，同时也是优良牧草。

**18. 铺枝栒子**

蔷薇科，栒子属。别名平枝栒子、铺地蜈蚣。

形态特征：半常绿低矮灌木。枝条展开成整齐的两列。叶近宽椭圆形，革质，深绿色，有光泽，全缘，背面疏生平伏柔毛。花小，无柄，单生或两朵并生，粉红色。果实鲜红色，近球形。花期4~5月，果实成熟期9~12月。

地理分布：原产我国，分布于云南、贵州、四川、陕西、甘肃、湖南、湖北等地海拔在2000~3500米的高山上。

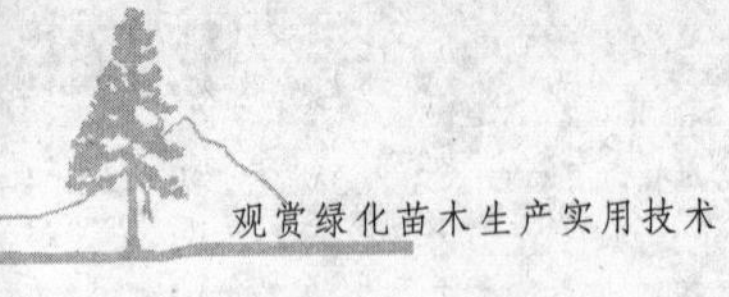



生态习性：喜光，稍耐阴。喜空气湿润的半阴环境，较耐寒，不耐水湿。耐干旱、瘠薄。

繁殖栽培：多用播种繁殖，也可用扦插繁殖。播种繁殖在种子采收后即可播种，也可沙藏至翌年早春2~3月播种，发芽率均较高。扦插可于春季或梅雨季进行，春季扦插要保温保湿，梅雨季扦插要注意插床不可积水。宜植于排水良好的坡地，移植时要带泥球。

园林用途：铺枝栒子枝条平展，叶小而密，晚秋时叶色红亮，红果累累。园林中常种植于岩石园、庭园、绿地、坡地中，是很好的地被植物。

**19. 多花筋骨草**

唇形科，筋骨草属。

形态特征：常绿多年生草本，高25~30厘米。茎4棱，具匍匐茎和直立茎，茎节有气生根，匍匐茎节节生根。叶对生，边缘具粗锯齿，先端钝圆，基部楔形；叶片纸质，长椭圆形；叶面有皱褶，生长季节绿中带紫，入秋后为紫红色。花蓝紫色，轮伞花序；花期较集中，开放时间为4~5月和10~12月。

地理分布：原产美国。

生态习性：喜湿润的气候，耐半阴，耐水湿，耐干旱，抗逆性强。长势强健，在酸性、中性土壤中生长良好。

繁殖栽培：多采用分株或扦插繁殖。分株一般在生长旺盛的5~6月或10月进行。将母株挖出分成4~5株，筑畦栽植，每亩栽2万株左右。加强肥水管理，5~6月移植的植株在下半年即可出圃；10月分株的植株，冬季可用小拱棚保温，使小苗加快生长，翌年4~5月出圃。扦插一年四季均可进行，因节处易生不定根，扦插成活率可达95%。用疏松的扦插基质，插穗6~8厘米长，带两个节，上留两枚叶。1星期后即可生根，30天后移植圃地。多花筋骨草病害少，但扦插过密或湿度太大易发生腐烂，可用多菌灵或护苗神800倍液喷洒或淋浇。

园林用途：多花筋骨草植株低矮，花美，花期长，耐寒，耐阴，耐旱，是优良的地被植物，宜成片栽于林下、林缘、湿地等处。如将它作为花坛植物材料，效果也很好。

**20. 紫金牛**

紫金牛科，紫金牛属。别名矮地茶、平地木、老不大。

形态特征：多年生常绿小灌木，高 10~30 厘米。根状茎长，横走；地上茎直立，不分枝。单叶对生或轮生，叶柄短，常成对或 3~4 枚集生于茎端。花白色，常 2~6 朵腋生，组成短总状花序。浆果球形，熟时红色，经久不落。花期 4~5 月，果实成熟期 6 月至翌年 2 月。

地理分布：主要分布于我国长江流域以南至华南、西南等地区。

生态习性：喜温暖、湿润的气候，极耐阴，较耐寒，遇浓霜则叶色变作黄褐色。对土壤要求不严，但以肥沃、疏松、湿润的微酸性土最好。常生于山地林下、溪谷旁的阴湿处。适应性较强，病虫害少。

繁殖栽培：分株、播种繁殖。生产上多采用分株繁殖，常在春、秋两季进行。取野外采集的植株，切分其根状茎，使每段带有 1 分枝，移植到平整好的苗床上，深度 10~15 厘米。可条形或窝形栽植，浇透水，盖 70%的遮阳网，20 天左右成活。也可栽植为 10 株一盆，浇透水后集中摆放，盖上遮阳网，冬季还可覆盖地膜以促生长。播种繁殖为将果实用水浸泡 1~2 天，搓去果肉，洗净种子，沙藏至翌年 3 月播种。宜采用药物处理（浓硫酸处理约 10 分钟），可使发芽率提高到 40%~60%。播种后覆盖地膜和遮阳网，以利于种子萌发和幼苗生长。

园林用途：紫金牛植株低矮，四季常绿，挂果期长达半年，成熟果实鲜红悦目，是不可多得的耐阴地被植物。特别适宜配植在常绿阔叶林下或道路旁的景观地被中，如与吉祥草、阔叶麦冬、斑叶胡风草等组合种植效果更佳。既可在高架桥下成片绿化种植，也可与景观石配植，还可作观果小盆景。

**21. 中华常春藤**

五加科，常春藤属。别名常春藤、三角藤等。

形态特征：常绿木质藤本，蔓长3~20米。茎节具气生根，以利吸附攀缘。小枝上生锈色鳞片。单叶互生，革质；营养枝上的叶为三角状卵形或戟形，全缘或3浅裂；花枝上的叶呈卵状披针形，全缘。花小，淡黄白色或淡绿白色，具芳香，伞房花序顶生。花期4~5月。浆果球形，黑色，越年成熟，成熟时黄色或红色。

地理分布：产于我国秦岭以南各省、自治区。

生态习性：喜光，较耐阴。耐干旱、瘠薄，对土壤要求不高，以湿润、疏松、肥沃的中性或酸性土生长最佳。有一定的耐寒性。

繁殖栽培：扦插、播种或压条繁殖。扦插极易生根，6~7月剪取嫩枝扦插，及时遮阳，约半个月即可生根。定植后加以修剪，促进分枝。由于生长迅速，夏季可作修剪，将过密处剪去部分枝蔓，以调整覆盖度。盆栽可绑扎各种支架，牵引整形。

园林用途：中华常春藤分布广泛，适生范围大，为良好的垂直绿化和木本地被植物，适宜配置在建筑物北侧、围墙、陡坡、岩壁及疏林下等处，也可盆栽悬挂。

同属异种：同属植物有常春藤、金边常春藤、金心常春藤、银边常春藤、彩叶常春藤和日本常春藤。

①常春藤：又名洋常春藤。原产欧洲，现我国各地多有栽种。

②金边常春藤：叶绿黄色。

③金心常春藤：叶3裂，中心部黄色。

④银边常春藤：叶灰绿色，边缘乳白色，入秋后白边变为粉红色。

⑤彩叶常春藤：叶小，乳白色，带红晕。

⑥日本常春藤：丛生灌木状。叶小而密集，叶缘波状。

**22. 蔓长春花**

夹竹桃科，蔓长春花属。别名长春蔓。

形态特征：常绿蔓性亚灌木。丛生，茎枝纤细，营养茎平卧。花茎直立，高30~40厘米。单叶对生，阔卵形或椭圆形，光滑浓绿，具短柄。花单生叶腋，花冠有筒，漏斗状，蓝紫色。蓇葖果双生，直立，圆筒形。花期5~9月。

地理分布：原产欧洲地中海沿岸，现江、浙等地也有栽培。

生态习性：喜光，喜温暖、湿润的气候，以半阴、通风环境生长最佳，不耐严重霜冻。对土壤适应性强，生长迅速，茎节贴地，极易生根。

繁殖栽培：可用扦插、压条或分株繁殖，以春、夏季最为合适。扦插剪3~4节半木质化茎蔓作插穗，以河沙作基质，经1~2周即可生根长芽。为促进分枝，可在生长季节多次摘心。

园林用途：蔓长春花枝蔓悬垂自然，疏密有致，蓝紫色的花朵优雅非凡。可用于攀缘棚架、墙垣或孤植、群植于草坪中，或盆栽置于走廊、花架，也可作盆景或插花。

同属异种：同属品种有花叶蔓长春花、小蔓长春花、白花变种、黄斑变种、重瓣变种等。

**23. 红花酢浆草**

酢浆草科，酢浆草属。

形态特征：多年生宿根草本，株高15~20厘米。全株生疏柔毛。地下根状茎呈纺锤形。茎常平卧，细柔，节上生不定根。叶丛生状，具长柄；掌状复叶，小叶3枚，无柄，叶倒心脏形，顶端凹陷，两面均覆毛，叶缘有黄色斑点。花茎自基部抽出，伞房花序，着生12~14朵花，花瓣5枚，淡红色或深桃红色，晴天开放，夜间及阴雨天闭合。蒴果熟时弹裂，有多数种子。花期4~11月。

地理分布：原产南美洲巴西及非洲南部，我国各地有栽培。

生态习性：喜温暖、湿润的环境，在全日照、半日照环境或稍阴处均可生长。不耐寒。要求排水良好且富含腐殖质的沙质壤土，盛夏生长缓慢或进入休眠期。

繁殖栽培：分株、播种繁殖。分株一般在早春进行，将根茎分栽后浇足水即可。旺盛生长期每10~15天浇稀薄肥水1次，以促进开花繁茂。冬季在温室内越冬。播种繁殖在早春3~4月进行，

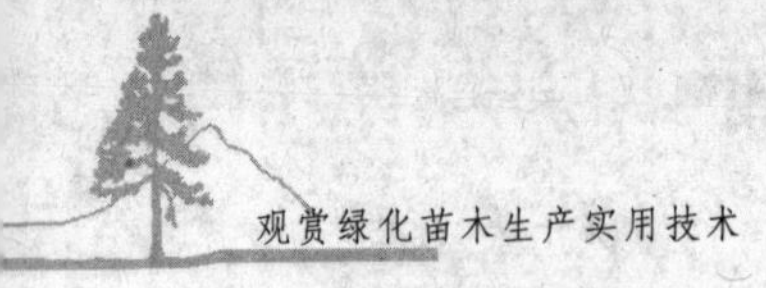



25~30℃的温度条件下，7~10 天可发芽，当年秋季开花。

园林用途：红花酢浆草植株整齐，叶色青翠，覆盖地面迅速，又能抑制杂草生长，为良好的观花地被植物，尤宜在疏林或林缘应用，或丛植或片植，也可作花坛镶边材料。盆栽可布置室内阳台、窗台、书架等。

同属异种：同属植物约有 500 种，我国产 8 种。常见的有：大花酢浆草、紫叶酢浆草、酢浆草、山酢浆草、多花酢浆草和黄花酢浆草。

(楼晓明　杭州市园林文物局花港管理处高级工程师)

# 第十一章　水生植物

**1. 千屈菜**

千屈菜科，千屈菜属。别名水柳、对叶莲。

形态特征：多年生湿生或水生草本，株高100厘米以上。具粗壮横走的地下茎。地上茎四棱形，多分枝。老枝木质化，中空。叶披针形，全缘，无柄，对生或轮生，长3.5~6.5厘米，宽0.4~1.5厘米。花两性，紫红色，总穗状花序顶生，花瓣6枚，萼筒长管状。花期6~9月。蒴果扁圆形。

地理分布：分布于亚洲、欧洲、非洲等地，我国南、北各地都有栽培。

生态习性：喜温暖、强光的水湿环境。适应性极强，既可水生，也可旱生。对土壤要求不严，常野生于水沟、溪流或湖岸。耐寒，在北方可安全露地越冬。

繁殖栽培：以扦插繁殖为主，也可播种繁殖。扦插以生长期间为最佳，剪取半木质化枝条，随剪随插，成活率较高。扦插苗长至20厘米可进行整枝摘心，促使主干生长和侧枝萌发，以形成球状树冠。露地播种在4~5月间进行，将种子掺沙撒播，并覆盖薄膜以保温保湿，1个月左右发芽出苗。

园林用途：千屈菜整齐清秀，花色艳丽，花期长，将其布置于庭园、水际或水景，可增添不少野趣。

同属异种：同属品种有无毛千屈菜、紫花千屈菜、大花千屈菜、毛叶千屈菜等。

**2. 水葱**

莎草科，藨草属。别名翠管草、冲天草。

形态特征：多年生高大挺水草本，株高可达200~300厘米。

根状茎粗壮横走。秆散生直立，圆柱形，光滑，中空。聚伞花序顶生，花褐色。花期7~9月。

地理分布：在我国、日本、澳大利亚及南美洲、北美洲、欧亚大陆等均有分布。我国各地多有野生分布。

生态习性：喜温暖、光照充足的水湿环境，在肥沃的土质条件下茎秆强壮，不倒伏。适应性极强，既能耐干旱，也能耐深水。每年至少分株栽植1次，以促进萌发，抑制徒长和衰退。

繁殖栽培：采用分株或播种繁殖，通常以分株法繁殖。早春挖出根状茎，清除泥土，剪去老根、老叶，视芽眼生长情况，用快刀切成每块含3~4个芽眼的块状，挖穴丛植，成活率高。

园林用途：水葱作为水生观赏植物，适宜配植于浅水湖、池塘或湿地边缘，在园林景观中也可盆栽观赏或点缀庭园水景。

变种品种：变种有花叶水葱，株高80~120厘米，长势比水葱弱。生长初期在新萌发的秆上有明显的黄绿（白绿）环绕斑纹，后期渐呈绿色。生长早期对水位敏感，适宜浅水位栽植，不耐寒。

**3. 伞草**

莎草科，莎草属。别名旱伞草、风车草、水竹。

形态特征：多年生草本，株高60~120厘米。具粗短的根状茎。秆茎圆柱形，丛生，基部叶退化为鞘状。秆端总苞片20余枚，苞片叶状线形，比花序长，呈伞形。聚伞花序，小穗密集，呈椭圆状，花黄褐色。花期6~7月。

地理分布：原产非洲，现我国南、北各地均有分布。

生态习性：喜温暖、阴湿、通风的生长环境与排水良好的沙质壤土，忌强光直射。

繁殖栽培：采用播种、分株或扦插繁殖，以分株繁殖最为简便快捷。早春3月将地下根状茎挖出，分段切块，栽植于温暖、潮湿、疏松的土壤中即可。

园林用途：伞草株丛繁密，叶形优美，适应盆栽室内观赏，为较好的室内观叶植物。也可丛植于湖岸、池畔，形成园林水景一隅。

**4. 窄叶泽泻**

泽泻科，泽泻属。

形态特征：多年生水生或沼生草本，挺水植物，株高50~100厘米。具短根状茎。叶基生，基部楔形，全缘；沉水叶条形，挺水叶披针形或线状披针形。花两性，伞房花序再聚成圆锥花序；花瓣3枚，白色，花期6~8月。瘦果侧扁。

地理分布：主要产于江苏、安徽、浙江、江西、湖北、湖南、四川等地，日本南部也有分布。

生态习性：生于湖泊、水塘、沟渠、沼泽的浅水中，喜温暖、阳光充足的水湿环境，长势旺盛，萌蘖性强。

繁殖栽培：多用分株法，也可用播种繁殖。分株繁殖于翌年春季挖出越冬根状茎，按每块含2~3个芽眼分株，植入平整好的淤泥中。生长期间也可分株，即分即栽，生长迅速，成活率高。

园林用途：窄叶泽泻叶片丛生，浓绿光亮，小花稠密，宜用作园林沼泽浅水区的水景布置植物。

同属异种：同属植物有东方泽泻，叶基生，叶片椭圆形或卵状椭圆形。

**5. 慈姑**

泽泻科，慈姑属。别名野慈姑。

形态特征：多年生水生草本，株高60~120厘米。匍匐茎末端膨大成球茎。叶基生，沉水叶线形，挺水叶箭形；叶柄长而宽大，基部成鞘状。花单性，雄花为上，雌花为下；花瓣3枚，白色，常常以3朵花成轮状排列在花轴上，再组成圆锥花序。果实为聚合果。花期6~9月，果实成熟期8~11月。

地理分布：原产温带和热带地区，全国各地均有分布。

生态习性：喜温暖、阳光充足的地方和肥沃深厚的土壤，不耐寒，适宜浅水栽培。

繁殖栽培：以球茎分株繁殖为主，也可用播种繁殖。分株繁殖以翌年春季为最佳。播种繁殖在种子采收后，如温度适宜应即采即播于湿泥沙中，否则就保存在泥沙中。

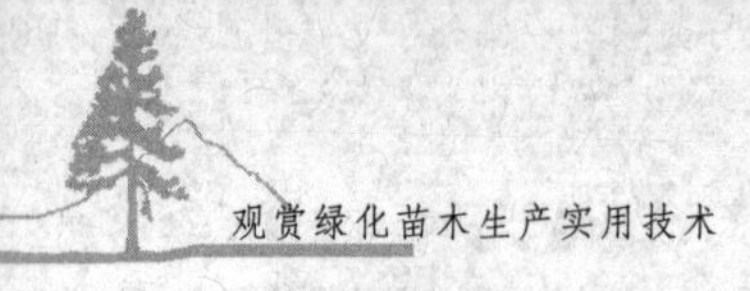


园林用途：慈姑叶形美观，宜与其他水生植物搭配布置水面景观，也可盆栽营造庭园水景或室内观赏。

变种品种：变种有华夏慈姑，即农艺用栽培种；同属植物有利川慈姑与小慈姑，在浙江省均有分布。

**6. 花蔺**

花蔺科，花蔺属。

形态特征：多年生水生草本，株高70~100厘米。挺水，丛生。具横走的根状茎。叶基生，带状，呈三棱形。花两性，由粉白色转为紫红色，花被6枚，花瓣状，伞形花序着生于花轴之顶。花期7~8月。果实为蓇葖果。

地理分布：原产欧洲、亚洲等地。我国东北、西北、华北地区都有分布。

生态习性：喜温暖、肥沃、疏松的沼泽或水湿环境。耐寒，忌炎热。

繁殖栽培：采用播种或分株繁殖。播种繁殖于果实八成熟后，随即采种并浸泡于水中后熟，再作湿沙保存，至翌年春季播于平整好的土壤中。

园林用途：花蔺在园林水景中可布置于水际一隅，颇添情趣。

**7. 三白草**

三白草科，三白草属。别名白头翁。

形态特征：多年生草本，株高50~80厘米。具白色的肉质根状茎，茎直立，具纵长粗棱和沟槽，基部匍匐状，茎节上着生不定根。叶互生，有芳香，厚纸质，阔卵圆形，长4~20厘米，宽2~6厘米，叶脉明显。花两性，白色，总状花序生于茎顶，与叶对生。花梗与花序轴覆短柔毛。种子球形。花期5~7月，果实成熟期7~9月。

地理分布：原产亚洲东部和北美洲，我国黄河以南各地广有分布。

生态习性：喜温暖、阳光充足、肥沃湿润的生长条件，也耐阴湿、干旱、瘠薄的土壤。适应性极强，常生长于低洼沼泽和溪沟、水塘边。

繁殖栽培：分株或扦插法繁殖。扦插繁殖在生长期进行，以7月下旬至8月为最佳。插穗含3段茎节，剪除叶片，扦插于肥沃、疏松、潮湿、平整的畦面，并适当遮阳。约1周后根系萌发，成活率高。

园林用途：三白草既可用于沼泽园林绿化与点缀水景，也可盆栽观赏。

**8. 蕺菜**

三白草科，蕺菜属。别名鱼腥草、臭草。

形态特征：多年生草本，湿生、水生或地被植物，株高15~50厘米。茎基部匍匐生长，茎节上着生不定根，上部直立。叶互生，全缘，薄纸质，心形或宽卵圆形，长5~8厘米，宽4~6厘米。叶面绿色，叶背紫红色，密生细腺点。花两性，穗状花序顶生或与叶对生，花序基部有4枚白色的花瓣状苞片。植株有腥臭味。花期5~8月。

地理分布：原产亚洲东部和东南部，我国主要分布于长江以南地区。

生态习性：喜阴湿的生长环境，旱生、水栽均可，对土壤、水质要求不严，生长强健，适应性极强。

繁殖栽培：参照“三白草”。

园林用途：蕺菜是点缀园林水景湿地的重要观赏植物。

变种品种：园艺变种有花叶蕺菜，叶面镶嵌有黄、白、红、绿等颜色的条纹，中心为绿色。繁殖存活率比蕺菜低。

**9. 海寿花**

雨久花科，海寿花属。别名梭鱼草。

形态特征：多年生水生草本，株高50~80厘米。具粗壮的根状茎。叶基生，具长柄，挺水，中、下部宽大呈鞘状；叶片长卵形或卵圆形，基部呈心脏形，长17~22厘米，宽9~15厘米。花两性，蓝色或紫蓝色，穗状花序顶生，花串长约11厘米，花瓣6

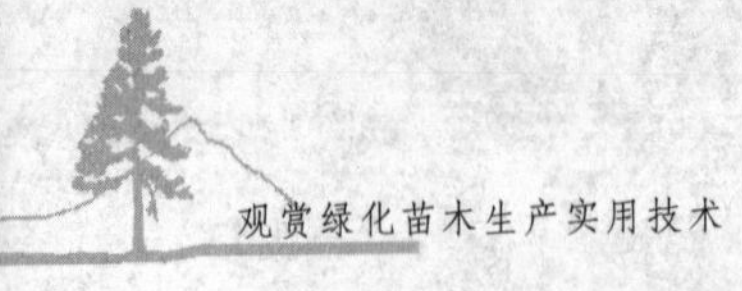



枚，筒状，花茎高于叶丛。花期5~9月。

地理分布：原产北美洲，我国近年有引进栽培。常生长于沼泽或池塘边。

生态习性：喜高温、阳光充足、肥沃湿润的生长环境，也耐旱涝，耐阴凉、瘠薄的土壤。

繁殖栽培：以分株繁殖为主。在7~8月生长期进行最佳，也可在早春分芽繁殖，通常将当年新萌发的植株挖出后分块切割，保留2~3个芽分栽，行间距约50厘米。幼苗生长期为浅水或保持湿润，生长旺盛期最低水位不低于30厘米。气温达30℃以上时，植株萌发迅速，繁殖存活率高且易成形。

园林用途：海寿花适应性强，生长迅速，开花繁密，花期长，是池岸、湖塘挡土固坡、美化的优良植物材料。

**10. 雨久花**

雨久花科，雨久花属。

形态特征：多年生挺水草本，株高40~60厘米。具匍匐的肉质根状茎，须根发达。基生叶具长柄，茎生叶柄短，基部宽大呈鞘状抱茎。叶片卵状心形或宽卵形，全缘，具弧状脉。花两性，总状花序顶生，花茎高于叶丛；花被6枚，蓝色或淡蓝色，花径3厘米。花期7~9月。蒴果卵形。

地理分布：分布于朝鲜、日本、西伯利亚和我国东北、华北、华中、华南等广大地区。

生态习性：喜温暖、阳光充足、肥沃湿润的生长环境，长势强健，萌蘖性强，繁殖存活率高，须根发达，是缓坡、浅滩最佳的固坡植物之一。

繁殖栽培：播种或分株繁殖，以分株繁殖为主。方法参照“海寿花”。

园林用途：雨久花花大而美丽，淡蓝色，像飞舞的蓝鸟，故又称为蓝鸟花。其叶色翠绿，光亮素雅，宜与其他水生植物搭配使用，也可作盆栽观赏。

**11. 大花美人蕉**

美人蕉科，美人蕉属。别名红艳蕉。

形态特征：多年生草本，株高80~200厘米，为美人蕉的园艺杂交种。具块状根茎。地上茎直立，粗壮，不分枝。叶大，互生，椭圆形或长圆形。茎、叶均生蜡质白粉。花两性，不对称，总状花序顶生；花冠筒与花萼近等长；花色有暗红、鲜红、橘黄、柠檬黄等颜色。花期6~9月。蒴果球形。

地理分布：原产美洲、亚洲、非洲的热带地区，我国长江以南地区均有栽培。

生态习性：喜炎热、光照强烈、肥沃湿润的深厚土壤，耐旱涝，耐瘠薄，适应性强，生长强健。在我国华北地区为1年生栽培。

繁殖栽培：播种或分株繁殖。通常选育新品种采用播种繁殖。分株繁殖于翌年4月，将块状根茎从地中挖出，切割为每块含3~5个芽的小块，分别栽植于田畦中，行间距约50厘米。

园林用途：大花美人蕉花大色艳，既可旱生，也可湿生，湿生的植株比旱生的低矮，为重要的观赏花卉品种。适宜用于花坛自然式丛植，也可在河岸、池塘浅水处作水景配置。

变种品种：园艺品种有尤里卡、总统、鲑粉及博士等。

**12. 石菖蒲**

天南星科，菖蒲属。别名岩菖蒲、山菖蒲、药菖蒲。

形态特征：多年生沼生挺水草本，较矮小，株高约50厘米。具横生的根状茎，有芳香。叶基生，剑形，长10~50厘米，宽0.7~1.3厘米，不具中脉。花两性，黄绿色或黄白色，肉穗花序圆柱形，长2.5~10厘米。花期4~5月。

地理分布：原产北温带至亚洲的热带地区，我国黄河以南各地均有分布。

生态习性：喜阴湿、温暖的生长环境，耐阴寒，耐瘠薄，对土壤要求不严，适应性强。生长强健，栽培管理粗放、简便。

繁殖栽培：通常在早春采用分株繁殖。

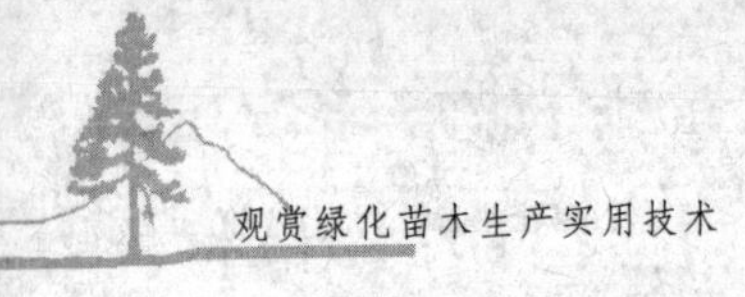


园林用途：石菖蒲叶色光亮，耐践踏，是林下阴湿地的优良地被植物，可栽植于水边或假山边作为点缀。

同属异种：同属植物有菖蒲、金钱蒲、长苞菖蒲等。

**13. 黄菖蒲**

鸢尾科，鸢尾属。别名黄花鸢尾、菖蒲鸢尾。

形态特征：多年生草本，植株高大，株高50~100厘米。根状茎粗壮成块，有明显结节，斜伸。叶基生，深绿色，剑形，长50~80厘米，宽2~3厘米，中脉明显。花两性，黄色，花茎粗壮，有数个分枝，花瓣有褐色斑纹。种子红色略扁。花期4~5月，果实成熟期6~9月。

地理分布：原产南欧、西亚及北非等地，我国南、北各地有引种栽培。

生态习性：喜阳光充足、土壤肥沃的水湿环境，但也耐干旱、严寒和瘠薄，适应性强，栽培管理简便。

繁殖栽培：播种或分株繁殖。播种繁殖以秋季即采即播为最佳，播前宜用温水浸种12小时，第2年春季出苗。也可沙藏至翌年春播。实生苗2~3年开花。分株繁殖全年均可进行，最适期为3~4月。老植株宜每两年分栽一次，促进萌发和生长。

园林用途：叶形秀美，花色、花形丰富，为观叶、观花俱佳的植物。园林中常丛植于河岸、湖畔等地，观赏效果很好。

同属异种：同属品种有玉蝉花、花菖蒲、鸢尾等。

①玉蝉花：又称紫色鸢尾，叶片两面中脉明显，中脉上有黄色斑纹。花深紫色，花期6~7月。

②花菖蒲：玉蝉花的园艺变种。花形和花色变化很大，单瓣至重瓣，花色由白色至深紫色或紫红色，花瓣上的花纹和斑纹随品种而发生变化，花期6~7月。

③鸢尾：花蓝紫色，花梗极短，花径大，达10厘米左右，花期4~5月。

**14. 灯心草**

灯心草科，灯心草属。别名席草。

形态特征：多年生草本，株高 50~100 厘米。具横走的根状茎。秆丛生，光滑，圆柱形，直径 0.1~0.4 厘米，有细纵状条纹。叶退化呈刺芒状或完全退化，基生或近基生。花两性，较小，复聚伞花序近顶端，假侧生，总苞片直立，长 5~20 厘米。花期 5 月。

地理分布：我国长江以南地区常见自然分布或栽培。

生态习性：喜阳光与黏质土壤，忌干旱，常生长于潮湿的水沟、沼泽地或池塘边，不耐寒。

繁殖栽培：播种或分株繁殖。分株繁殖于翌年 3 月挖取根状茎并分切，栽植于施足基肥的土壤中即可。

园林用途：园林上用于水景绿化。

**15. 香蒲**

香蒲科，香蒲属。别名东方香蒲、毛蜡烛。

形态特征：多年生草本，沼生或水生植物，株高 150~250 厘米。根状茎粗壮，乳白色。叶基部宽大呈鞘状，在茎上合抱排成两列，叶片带状或条形。花单性，雌雄同株，雄花序在花轴上部，雌花序在花轴下部，两者紧密相连；穗状花序呈蜡烛状，褐色。花果期 6~10 月。小坚果长椭圆形。

地理分布：原产我国，早在 2500 年前先人就将“蒲”作为园艺栽培，采食蒲茎，古籍多有记载。我国主要分布于东北、华北、西北、华中及华东地区，世界各地多有分布。

生态习性：喜阳光充足、湿润肥沃、富含腐殖质的土壤。对环境条件要求不严，耐旱，耐涝，耐寒，适应性强。

繁殖栽培：分株繁殖。每年早春时节将地下茎挖出，切成约 10 厘米长的茎节，横埋于淤泥之中，形成新的植株。

园林用途：香蒲在园林上主要用作水景绿化及庭园盆花布置，其修长的叶片和棒状花序自然大方，花棒还是插花的好材料。

同属异种：同属品种有小香蒲、水蜡烛、花叶香蒲等。

①小香蒲：植株高 80~130 厘米。雌雄花序不连接。

②水蜡烛：又名窄叶香蒲，植株高 100~250 厘米。雌雄花序

不连接，花序间分隔 3~7 厘米的裸露轴。

③花叶香蒲：为一个变种，植株高 100~120 厘米。叶片黄白相间，宽 1~1.3 厘米。

**16. 花叶虉草**

禾本科，虉草属。别名玉带草、丝带草。

形态特征：为虉草的栽培变种，多年生草本，株高 50~120 厘米。具根状茎。秆直立，通常单生。叶片扁平，具绿色和白色或黄色和白色镶嵌的条纹，带状披针形，叶长 10~30 厘米。圆锥花序。分枝密生小穗。花果期 5~8 月。

地理分布：原产北美洲和欧洲，我国主要分布在华北、华中、华东和东北等地区。

繁殖栽培：播种或分株繁殖。分株繁殖操作简便，成活率高。

生态习性：喜温暖、阴湿的生长环境。对土壤要求不严，常生长于溪边或湿地，既能水生，又能旱生。

园林用途：花叶虉草在园林中用作叠石、水景或乔木林缘的地被植物。

**17. 花叶芦荻**

禾本科，芦竹属。别名花叶芦竹、花叶玉竹。

形态特征：多年生草本，为一个园艺变种，株高约 200 厘米。具根茎，须根粗壮。地上茎直立，粗壮，直径约 1.5 厘米。叶鞘相互紧抱，叶互生，斜出，带状披针形；新叶黄、白条纹相间，老叶条纹消退，呈绿色或深绿色。花两性，圆锥花序顶生，直立紧密，褐色。花期 8~10 月。

地理分布：原产欧亚大陆的热带地区，我国江苏、浙江等地多有引进和栽培。

生态习性：喜温暖湿润、阳光充足、土壤肥沃的生长环境，也耐旱涝和瘠薄，适应性强。

繁殖栽培：分株或扦插繁殖。分株通常以早春 3~4 月为最佳期。扦插于 4~5 月进行，切取 2~3 个茎节，斜插于疏松、潮湿的沙壤中。生长期扦插需适当遮阳、喷水，保持扦插基质湿润。

园林用途：花叶芦荻常生长于湖岸、池边及水陆交界地带，挺拔如竹，叶色依季节而变化，具有较长的观赏期，是园林景观中绿化、美化的优良水生植物之一。

**18. 芦苇**

禾本科，芦苇属。

形态特征：多年生草本。植株高大，株高约300厘米，直径0.2~2厘米。秆节下通常有白粉。具粗壮的根茎。叶鞘圆筒形，叶片扁平，带状披针形，光滑或边缘粗糙，叶舌极短。圆锥花序顶生，多分枝，微下垂松散。小穗含有3~7朵花。花期7~9月。

地理分布：原产温带地区。我国南、北各地广布于湖沼、河堤、池岸和路边湿润处。

生态习性：喜阳，不拘温度、水分和土壤，常天然形成大片芦苇荡。既能水生，也能旱生，适应性极强。

繁殖栽培：多用分株或扦插繁殖。具体方法参照“花叶芦荻”，方法简单，操作容易，生长快速，成活率极高。

园林用途：芦苇的根茎具有极强的护坡功能，为优良的固堤护坡植物。同时又是园林水景区的优良绿化观赏植物，其大型花序在秋阳下随风摇曳，野趣盎然。此外，芦花还可作切花或干花。

**19. 菰**

禾本科，菰属。别名茭草、茭白。

形态特征：多年生水生草本，株高80~200厘米。根茎匍匐生长，须根粗壮。秆直立，基部节上具不定根，茎基由真菌寄生而膨大变肥厚。叶片扁平，呈带状披针形，长30~100厘米，宽1~3厘米。叶面及边缘粗糙，叶背光滑，中脉外凸。大型圆锥花序，多分枝，簇生；上部分枝着生雌性小穗，下部分枝着生雄性小穗。颖果圆柱形。花果期秋季。

地理分布：我国南、北各地均有分布。

生态习性：喜阳光充足、温暖的水湿环境和肥沃深厚的土壤，耐瘠薄，不耐寒。

繁殖栽培：播种或分株繁殖。通常采用分株繁殖，于翌年春

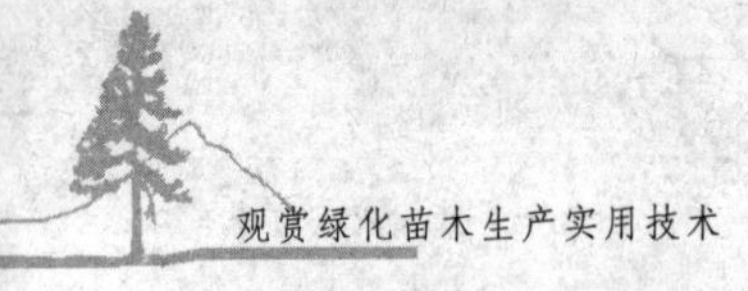


季挖取匍匐根茎切断，每节留1~2个芽分栽。

园林用途：菰主要用作园林水景浅水区的绿化布置，是野趣极浓的水生观赏植物。另外，菰的颖果称茭米，具有较高的营养价值。菰秆基部膨大肥嫩的茎称之茭白，为具有江南特色的水生蔬菜。

**20. 荷花**

睡莲科，莲属。别名莲、芙蕖。

形态特征：多年生挺水草本蕖。地下茎（即藕）肥厚多节，横生于淤泥之中，尖端具有生长顶芽。茎内有纵行多通气孔道，节间处有幼芽、不定根和鳞片叶。叶绿色，呈圆形或盾状，表面光滑具蜡质，着生于密生小刺的叶柄上；具有两型叶，即浮叶和立叶。花单生，两性，着生于节间（与立叶共生），挺出水面；花萼绿色，4~5枚，早落；花蕾卵形或卵圆形，绿白色或粉绿色；花瓣18~4000多枚，花径10~25厘米；花色有红色、白色、粉色或复色；雄蕊多数。花谢后花托增大，形成杯形、碗形或喇叭形的褐色莲蓬，内有多个褐色椭圆形的小果实（即莲子）。莲子果皮坚硬，种皮红色或白色。花期6~8月，果实成熟期7~9月。

地理分布：原产我国，南、北各地均有分布。

生态习性：喜在高温炎热、肥沃疏松、土层深厚的水环境中生长，忌低温阴凉和干旱。

繁殖栽培：播种或分株繁殖。播种繁殖常为培育新品种时所采用。通常将坚硬的果皮破壳后浸种，浸种适温25℃以上，每天早晚各换水1次，待绿色胚芽萌发、须根长出后，栽入容器中。容器中的淤泥含量为70%~80%，施入少量长效基肥，水高于土壤5厘米以上。待幼苗长出4片浮叶时移苗栽植。分株繁殖一般多用2~3节主藕、子藕作种藕，也可切顶芽繁殖，但必须育苗移植。分株以3~4月为佳，也可于11月下旬至12月进行，但必须采取防寒保暖措施。

园林用途：荷花为一种很古老的植物，在我国春秋时期已将其由野生引为人工栽培。荷花的姿、韵、色、香独具一格，为我国传统十大名花。荷花全身皆宝，既可食用、药用，又可绿化和美化，既是重要的水生经济作物，又是园林水景中具有较高观赏价值的水生花卉植物。

同属异种：莲属植物现存仅两个种，除中国莲外，还有美国黄莲。美国黄莲开黄色花，分布于美洲。根据花色、瓣形及株形的变异，我国园艺工作者已培育出中国莲的不同栽培品种500余个。

**21. 萍蓬草**

睡莲科，萍蓬草属。别名金莲。

形态特征：多年生浮叶型水生草本。根状茎粗壮，横走或直立，须根长而多。叶丛生，叶面绿色，叶背紫红色，密生柔毛；叶厚，近革质，卵形或宽卵形，长8~17厘米，宽5~12厘米。花两性，黄色，花径2~3厘米，单生于花梗顶端，挺出水面约20厘米。柱头盘状，常8~10浅裂，淡黄色或红色。花期5~8月。浆果卵形，种子在水中成熟。

地理分布：我国、日本及欧洲等地均有分布，在我国华东、华南、华北各地都有栽培。

生态习性：喜温暖、阳光充足、肥沃的水环境，较耐阴、耐寒，适应性强，成活率高。盛夏季节应保持水源流畅，以免高温出现腐叶甚至植株死亡等情况。

繁殖栽培：多用分株繁殖。在休眠期或生长期均可进行，但以3~4月为最佳。挖取根茎后，剪截多余的须根，取留两个芽眼的直立根茎，芽口向上，栽植于肥沃的淤泥中，间距约60厘米。水位可根据生长情况确定，一般约为30厘米，以确保叶片正常生长。

园林用途：萍蓬草常配置于寺庙、庭园等处的水景中，供游人欣赏。

同属异种：同属品种有中华萍蓬草，花黄色，花径5~6厘米。柱头盘状，具10~13裂。

22. 睡莲

睡莲科，睡莲属。

形态特征：多年生水生草本。根状茎粗短。叶丛生，浮于水面，心状卵形或卵状椭圆形，基部深裂，纸质或革质；叶柄细长，30~100 厘米。花单生，白色，着生花梗顶端，花瓣 8~15 枚；花萼 4 枚，绿色。花期 4~9 月。浆果球形。

地理分布：原产温带或寒带地区，我国主要分布在长江南、北各地。

生态习性：喜温暖、阳光充足、土壤肥沃的宽阔水域环境，不耐严寒，忌阴凉。

繁殖栽培：播种或分株繁殖，通常以分株繁殖为主。生长期与休眠期均可进行，但以 3~4 月为分株最佳期。具体繁殖方法参照“萍蓬草”。

园林用途：睡莲在古希腊、古埃及和我国各有数千年的栽培利用史。其花绚丽多彩，其叶青翠舒展，在夏、秋季节能给人带来清新与静谧。可植于大水面、水池、水缸或作为微型盆栽，为园林水景优良的观赏植物。睡莲属植物的根能吸收汞、铅、苯等有毒物质，可净化水质。

同属异种：常见的睡莲属品种还有白睡莲、蓝睡莲、墨西哥黄睡莲、埃及睡莲、延药睡莲、雪白睡莲等。在园艺应用中有一系列杂交种和栽培品种。

23. 芡

睡莲科，芡属。别名芡实、鸡头米。

形态特征：1 年生大型浮水草本。地下茎粗短。叶基生，二型，深绿色。初生叶沉水，较小，呈箭形或圆肾形，长 4~10 厘米，两面无刺；后生叶浮于水面，呈圆形或盾状心形，革质。叶脉凹陷，有尖刺，叶径可达 120 厘米以上。花单生，两性，紫红色，花径 5~7 厘米，花瓣多数。浆果球形。种子多，褐色，呈球形。花期 7~9 月，果实成熟期 9~10 月。

地理分布：原产我国及东南亚，在日本、朝鲜也有分布。我国南方各地均有栽培。

生态习性：喜温暖、阳光充足、肥沃的宽阔水域环境。生长适温 25℃以上，不耐寒。

繁殖栽培：播种繁殖。种子采收后，浸泡于水中储存。翌年 4~5 月气温达 25℃以上时，将发芽的种子移植于肥沃的淤泥中。幼苗期水位宜浅，依植株的生长情况，逐渐提升水位；成苗后移入深水池栽植。

园林用途：芡适宜于湖泊、池塘、公园大水面布植，具有较高的观赏价值。

同属异种：芡的园艺品种可分为南芡和北芡。北芡又称刺芡，花紫红色。南芡又称苏芡，有白色花、紫色花两个品种，叶子比北芡品种的大。其中紫花为早熟品种，白花为晚熟品种，产于太湖一带。

**24. 荇菜**

龙胆科，荇菜属。别名莕菜、水荷叶。

形态特征：多年生浮水草本。地下茎匍匐生长，地上茎圆柱形，均沉于水中，茎节上着生不定根。叶互生，质厚，全缘；叶面光亮，叶背常带紫色，有腺点，心状卵形或近圆形；叶片长 5~12 厘米，宽 2.5~10 厘米，叶柄长短各异，漂浮于水面。花两性，鲜黄色，簇生于叶腋处；花瓣 5 枚，深裂，瓣缘齿状。花期 6~9 月。果实为蒴果。

地理分布：我国南、北各地均有分布。常生长于池塘、湖泊等水面中。

生态习性：耐寒，长势强健，适应性强。

繁殖栽培：通常用自播繁衍或分株繁殖。

园林用途：芡多应用于小庭园水面，丰富水景，增添景观效果。

**25. 再力花**

茎叶科，再力花属。

形态特征：多年生水生草本，株高 130~200 厘米。具肉质根状茎，须根发达。叶基生，革质，叶梗长，基部宽大呈鞘状，叶背覆白粉；叶片长卵形，基部楔形，长40~50厘米，宽10~15厘米。花两性，圆锥花序顶生，花苞外覆白粉，花紫色，花茎高于叶丛。小坚果黑褐色，球形。花期6~10月，果实成熟期8~11月。

地理分布：原产南美洲及澳大利亚的热带地区，我国南方地区有引种栽培。

生态习性：喜高温、光照强烈、肥沃湿润的生长环境，耐干旱、瘠薄，忌阴凉。杭州地区生长期长达250天，浓霜过后地上部枯死，地下宿根翌年萌发。

繁殖栽培：播种或分株繁殖。分株繁殖快速、简便，成活率高。在生长期或休眠期均可进行，其中以早春3~4月萌芽期为最佳。挖取地下白色肉质根状茎，用水冲洗后，按芽分切进行栽培。母本稀少者可取1~2个芽栽种，行间距约60厘米。

园林用途：再力花适宜配置于园林水景，既可观叶，又可赏花，为夏、秋季优良的水生植物。

**26. 姜花**

姜科，姜花属。

形态特征：多年生宿根草本，一般株高80~150厘米。因其花似蝶，又名蝴蝶花、蝶蝶花。植株丛生，有肥大的根茎。茎直立，叶无柄，矩圆状披针形，叶背疏生短柔毛。穗状花序顶生，花序由绿色苞片组成，一个苞片内可先后开出2~3朵花；花序从上至下依次开花，一朵花开放1天即凋谢；花白色，具浓香。花期8~12月。

地理分布：多分布于我国南部及西南地区，印度、越南、马来西亚及澳大利亚也有分布。江、浙一带近年有栽植。

生态习性：喜温暖、湿润的气候，耐半阴和水湿，忌霜冻。在微酸性、肥沃湿润的沙壤土中生长良好。

繁殖栽培：分株和播种繁殖均可，以分株繁殖为主。一般于春季挖取地下根茎，分成数蔸，每蔸带2~3个芽。种植时施足基肥，生长期施1~2次稀薄氮肥。

园林用途：姜花生长强健，花形美丽，芳香宜人，园林中常群植或与其他植物配植于溪流河岸或池塘水边，既可用作背景植物或种植于半阴园林中，也可作切花栽培。

同属异种：同属可供观赏的姜花植物有圆瓣姜花、红丝姜花、盘球姜花及峨眉姜花。

①圆瓣姜花：花白色，有芳香，唇瓣近圆形。

②红丝姜花：花黄色，具长而伸出的鲜红色花丝，原产印度。

③盘球姜花及峨眉姜花：均生长于四川峨眉山中、下部阴湿的荒坡或疏林下，在江、浙也能生长。有芳香，唇瓣中间有一块橙黄色斑纹。

（钱　萍　杭州市园林文物局灵隐管理处工程师）

# 附　录

## 一、南方可育北方可栽树种介绍

我国地域辽阔，南北气候、土壤等环境条件差异较大，植物的区域分布有着很大不同。但其中有不少树种的适应性较强，能适应南北不同的气候，有些树种其幼苗期需要相对温暖、湿润的气候条件，长大后对较为严酷的环境抗性大大增强，这就给北树南育提供了必要性和可行性。

杭州地区的气候、土壤等自然条件十分适宜繁育苗木，有着较长的苗木培育历史，苗农积累了丰富的育苗技术经验和市场经营优势，这些均为拓展北方苗木市场奠定了基础。现将在杭州具有育苗优势、又能适应北方气候环境的苗木树种介绍如下（见附表1）。

附表1　部分南方可育北方可栽苗木品种介绍

| 品种名称 | 生物学特性及相关习性 |
| --- | --- |
| 龙　柏 | 暖温带树种，耐寒性强，成龄植株冬季可耐-18℃，幼苗耐寒性较差。喜充足的阳光，幼苗比较耐阴。喜中性钙质土，在强酸性土中生长不良，能耐轻碱，忌水湿，耐干旱。可在我国秦岭、淮河流域广泛栽培 |
| 桧　柏 | 耐寒，耐热，忌水湿。对土壤要求不严，适应性强，在酸性、中性、微碱性、钙质土及干燥瘠薄地均能生长，以温暖、湿润、土层深厚的地区生长较快。分布北界可达内蒙古、辽宁等地 |
| 大叶黄杨 | 喜光，耐阴，要求温暖、湿润的气候。较耐寒，在-15℃的低温下可安全越冬。喜疏松肥沃的沙质壤土，耐碱性较强。我国华北大部分地区均能生长 |

续表

| 品种名称 | 生物学特性及相关习性 |
| --- | --- |
| 金叶女贞 | 喜温暖、湿润和阳光充足的环境,适应性强,较耐寒,稍耐阴,不耐干旱。喜微酸性土壤,但也耐微碱。可在辽宁以南地区栽培 |
| 红叶小檗 | 喜温暖、湿润和阳光充足的环境。耐寒,能耐-25℃的低温。耐干旱,不耐水湿。在酸性、中性及钙质土上均能适应,还能抗0.3%以下的盐土。可在我国华北、东北地区广泛栽培 |
| 水　蜡 | 喜光,稍耐阴,喜温暖、湿润的环境,较耐寒,耐干旱。根系发达,对土壤要求不严。北京以南地区可露地栽培 |
| 紫　薇 | 喜温暖、湿润和阳光充足的环境,有较强的耐寒性和耐旱性。土壤以肥沃、疏松的石灰性土壤为宜。华北大部分地区能露地栽培 |
| 红叶李 | 喜较温暖、湿润的气候,喜光,稍耐寒,不耐干旱、瘠薄,对酸性土、钙质土或中性土均能适应。华北大部分地区能露地栽培 |
| 桃　花 | 喜光,喜肥沃湿润、排水良好的壤土,耐旱,忌水湿。在高温高湿地区易患流胶病。耐寒,在-25℃的条件下可越冬。忌强风。北京以南地区可露地栽培 |
| 梅　花 | 喜温暖、湿润的气候。较耐寒,但花期不能抵抗-20~-15℃的低温。对温度敏感,当旬平均气温6~7℃时开花。忌水湿,能耐瘠薄,以中性至微酸性土壤为最佳,耐微碱。喜光,忌大风。黄河流域以南地区可栽培 |
| 樱　花 | 喜温暖、空气湿度大、阳光充足的环境。稍耐寒,冬季可耐-10℃的低温。耐旱,忌水湿。耐盐碱土,忌空气污染。我国最北可栽培至东北南部地区 |
| 海棠花 | 喜向阳、湿润肥沃、排水良好的沙壤土,以中性至微酸性土壤为最佳,在微碱性土壤上也可正常生长。耐寒,耐旱。在华北地区广泛栽培 |
| 白玉兰(红玉兰) | 喜温暖、湿润的环境。耐寒,能在-20℃的条件下安全越冬。忌大风。以酸性土为宜,微碱性土也可适应。少数品种可在辽宁南部地区栽培 |

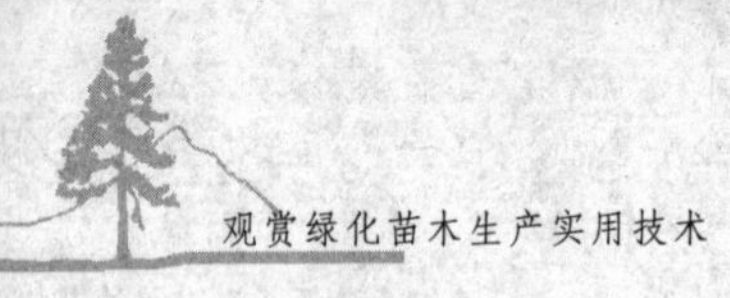


续表

| 品种名称 | 生物学特性及相关习性 |
| --- | --- |
| 七叶树 | 喜光,稍耐阴,畏日灼,喜温和的气候,也能耐寒。喜深厚、肥沃、湿润而排水良好的土壤,以酸性土为宜,在微碱性土上也可生长。黄河流域可广泛栽培 |
| 雪　松 | 喜光,喜温暖、湿润的环境,较耐寒。喜深厚、肥沃的土壤,不宜在强酸、强碱地上生长。忌水湿,抗污染能力较弱。北京以南地区可露地栽培 |
| 女　贞 | 喜光,稍耐半阴,喜温暖、湿润的环境,较耐寒,也耐旱,在北京避风处栽培能正常越冬。对土壤要求不严,抗空气污染能力较强。华北南部地区可栽培 |
| 杂交马褂木 | 为鹅掌楸和北美鹅掌楸的杂交种，是鹅掌楸类中适应性最强的一个类型。生长快速,长势旺盛,抗性强。在北京以南地区生长良好 |

(沈伟东　萧山区农业局工程师)

## 二、森林防火树种介绍

生物防火林是预防林火蔓延、控制大面积森林火灾的有效阻隔网络，是森林防火体系建设的基础性工程。随着社会经济条件的改善，生物防火林带建设日益成为林业部门的重要工作之一。作为森林防火树种应当具有不易燃烧、枝叶茂密等特性，主要应选择树体油脂少、含水量高、叶片蜡质或革质、树体上下枝叶稠密的常绿阔叶树种。营林建设中通常使用 1~2 年生苗木，而且多营造为生态经济型林带，如林苗一体化、林果一体经营林带等。下面介绍一下可用作防火林的主要树种（见附表 2)。

附表2　主要防火林树种介绍

| 树种名称 | 生物学特性 |
|---|---|
| 木　荷 | 高大乔木。树冠浓密,树干端直,叶厚革质,树体含水量高,为防火林带的主要树种。适应温暖多雨的气候,抗风、抗寒能力较强。对土壤适应性强,在土层较厚、疏松、酸性的沙壤土上生长良好 |
| 杨　桐 | 山茶科常绿灌木或小乔木。耐火能力很强,居其他树种前列。耐阴,可与其他大乔木混合种植,形成立体防火带。杨桐可剪枝出口日本,可作为防火林、经济林结合的树种 |
| 杜　英 | 高大乔木。稍耐阴,喜温暖、湿润的气候,适生于酸性黄棕壤和红壤土中。根系发达,萌芽性强,生长快速 |
| 石　楠 | 常绿灌木或小乔木。喜肥沃湿润、土层深厚、排水良好的壤土或沙壤土。耐寒,不耐水湿,萌芽性强 |
| 法国冬青 | 俗称珊瑚树。常绿灌木或小乔木,树冠倒卵形。喜光,稍耐阴。在潮湿、肥沃的中性壤土中生长迅速而旺盛,对酸性土、微碱性土也能适应。根系发达,萌芽性强 |
| 大叶冬青 | 俗称苦丁茶。高大乔木。喜湿润的半阴环境,耐阴性强,在盛夏的烈日下易遭日灼。在深厚肥沃的酸性至中性土壤上生长良好。同时,叶片具有降血压的功能,可作为防火林、经济林结合的树种 |
| 红果冬青 | 高大乔木。喜光,稍耐阴,喜温暖、湿润的气候,在深厚、肥沃、湿润的酸性至中性土上生长良好。萌芽性强,较耐潮湿,不太耐寒 |
| 棱角山矾 | 别名山桂花。中型乔木。对酸性、中性及微碱性的沙质壤土均能适应 |
| 杨　梅 | 根较浅,主根不明显,须根发达,能在荒山瘠地生长结果。较耐寒、耐阴。可作防火林、水果林结合经营的树种 |
| 枇　杷 | 常绿果树,可作防火林、经济林结合的树种 |
| 苦　槠 | 耐干旱、贫瘠,耐阴性较强。对二氧化硫等有毒气体抗性强。具有较好的抗风、防尘、隔音及防火性能 |

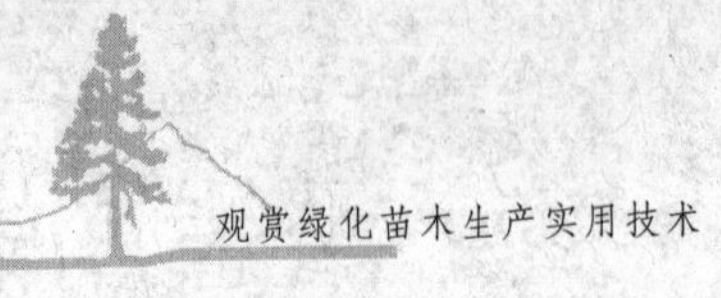



续表

| 树种名称 | 生物学特性 |
|---|---|
| 青　冈 | 树形优美,枝叶茂密,具有较好的抗有毒气体、抗风、防尘、隔音及防火性能 |
| 醉香含笑 | 枝叶浓密,是优良的风景树和防火林树种 |

(胡亚芬　杭州市林木种苗管理中心工程师
宣子灿　杭州市林木种苗管理中心高级工程师)

## 三、抗污染树种介绍

不同树种对于有毒有害气体、化合物、重金属及粉尘的抗御能力有很大的差异。在对机关、企事业单位、医院、街道等人们活动密集的公共场所，特别是对有污染的厂矿生产区域进行绿化规划设计时，应考虑搭配抗污染性强的树种，可有效减少城市的大气污染，净化空气，有益于人们的身体健康。下面介绍一下抗污染能力较强的部分树种（见附表 3)。

附表 3　部分抗污染树种介绍

| 树种名称 | 抗污染性 |
|---|---|
| 银　杏 | 银杏科,落叶乔木。对二氧化硫、铬酸、苯酚、乙醚、硫化氢等有害气体和有毒物质有较强的抗性 |
| 臭　椿 | 苦木科,落叶乔木。对烟尘及二氧化硫、三氧化硫、乙炔、硝酸雾等有害气体具有较强的抗性 |
| 泡　桐 | 玄参科,落叶乔木。对二氧化硫、氮气、二氧化氮等有害气体和粉尘有较强的抗性 |
| 苦　楝 | 楝科,落叶乔木。对二氧化硫、氮气、二氧化氮等有害气体和粉尘有较强的抗性 |
| 刺　槐 | 蝶形花科,落叶乔木。对硫化物、氯化物、氟化物等有害物质和粉尘有较强的抗性 |

续表

| 树种名称 | 抗污染性 |
|---|---|
| 白　榆 | 榆科,落叶乔木。对烟尘、二氧化硫等的抗性较强。 |
| 垂　柳 | 杨柳科,落叶乔木。吸收二氧化碳的能力强,对二氧化硫、氯化氢抗性较强 |
| 梧　桐 | 梧桐科,落叶乔木。对二氧化硫、氯气、氟化氢、臭氧、氨气有较强的抗性 |
| 合　欢 | 豆科,落叶乔木。对氯气和氟化氢有较强的抗性 |
| 悬铃木 | 悬铃木科,落叶乔木。对二氧化硫、氯气、氟化氢及粉尘有很强的抗性 |
| 桑　树 | 桑科,落叶乔木。对二氧化硫、氯气、氟化氢、汞及粉尘有很强的抗性 |
| 黄连木 | 漆树科,落叶乔木。对氯化氢、二氧化硫的抗性强 |
| 玉　兰 | 木兰科,落叶乔木。对氟化氢有一定的抗性 |
| 无患子 | 无患子科,落叶乔木。对二氧化硫、氟化氢有很强的抗性 |
| 樱　花 | 蔷薇科,落叶小乔木。对氟化氢有很强的抗性 |
| 红叶李 | 蔷薇科,落叶小乔木。对二氧化硫、氯气、氟化氢、臭氧有较强的抗性 |
| 石　榴 | 石榴科,落叶小乔木。对二氧化硫、氯气、氟化氢有较强的抗性 |
| 棕　榈 | 棕榈科,常绿乔木。对烟尘及二氧化碳、二氧化硫、二氧化氮、氟化氢、苯酚等有害气体和有毒物质有较强的抗性 |
| 龙　柏 | 柏科,常绿乔木。对二氧化硫、氯化氢、氢氧化钠、氟化氢和硫化氢等有害气体有较强的抗性 |
| 侧　柏 | 柏科,常绿乔木。对二氧化硫、氯气、氟化氢、臭氧和粉尘有较强的抗性 |
| 雪　松 | 松科,常绿乔木。对乙烯有较强的抗性 |
| 广玉兰 | 木兰科,常绿乔木。对二氧化硫、氯气、氟化氢、汞、乙烯和粉尘有很强的抗性 |
| 香　樟 | 樟科,常绿乔木。对二氧化硫、氯气、氟化氢、氨气和粉尘有很强的抗性,对乙烯、二氧化氮、汞有一定的抗性 |

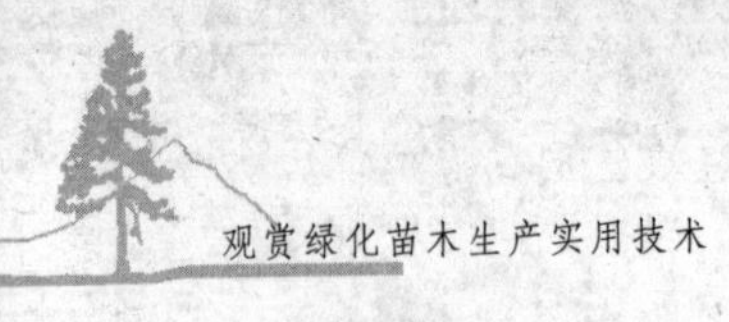


续表

| 树种名称 | 抗污染性 |
| --- | --- |
| 罗汉松 | 罗汉松科，常绿乔木。对二氧化硫、氯气、氟化氢、汞、乙烯和粉尘有较强的抗性 |
| 女　贞 | 木犀科，常绿乔木。对二氧化硫的抗性强，对氯化氢有一定的抗性 |
| 紫　薇 | 千屈菜科，落叶灌木。对二氧化硫、氯气、氟化氢和粉尘有很强的抗性 |
| 月　季 | 蔷薇科，落叶灌木。对汞的抗性强，对氟化氢、二氧化氮有一定抗性 |
| 夹竹桃 | 夹竹桃科，常绿灌木。对汞、硫、尘屑的吸收能力强 |
| 桂　花 | 木犀科，常绿灌木或小乔木。对二氧化硫、氯气、氟化氢、汞有较强的抗性 |
| 大叶黄杨 | 卫矛科，常绿灌木。对二氧化硫、氯气、氟化氢、汞、乙烯和粉尘有很强的抗性 |
| 海　桐 | 海桐科，常绿灌木。对二氧化硫、氯气、氟化氢、汞、臭氧有很强的抗性，对乙烯和粉尘有一定的抗性 |
| 珊瑚树 | 忍冬科，常绿灌木或小乔木。对二氧化硫、氯气、氟化氢、汞、乙烯有较强的抗性 |
| 含　笑 | 木兰科，常绿灌木。对二氧化硫、氯气、氟化氢有较强的抗性 |
| 黄　馨 | 木犀科，常绿灌木。对二氧化硫、氟化氢有很强的抗性，对乙烯有一定的抗性 |
| 火　棘 | 蔷薇科，常绿灌木。对二氧化硫有很强的抗性 |
| 紫　藤 | 豆科，落叶藤本。对二氧化硫、汞、铬酸有较强的抗性 |
| 爬山虎 | 葡萄科，落叶藤本。对二氧化硫、氯气、氟化氢和粉尘有很强的抗性 |
| 葱　兰 | 石蒜科，多年生草本。对二氧化硫、氟化氢和粉尘有很强的抗性 |

（孙晓萍　杭州市绿化管理站高级工程师）

## 四、新优苗木品种介绍

近年来，苗木市场的新种类、新品种不断涌现，这不但丰富优化了苗木品种结构，推进了杭州苗木产业的持续发展，而且给广大繁育经营者带来了良好的经济效益。

所谓新优苗木应具有以下 3 个特点：第一，系近年由国外、省外新引进且经试种已被证明适应当地的气候、水土环境，或原为当地的野生种，经驯化繁育被应用于园林绿化中；第二，系育种单位新选育的杂交种和栽培品种，与原品种相比，新品种往往具有叶、花、果、抗性等某一方面更为突出的观赏、利用价值；第三，因市场的拓展和细分，使得原先不常利用的某些植物种类和品种变得紧俏起来，如湿地治理引热了水生、湿生植物，矿山生态修复引热了胡枝子等耐瘠植物。因此，新优苗木必须首先要对当地的生态环境具有一定的适应性，其次应拥有一定的、明确的市场需求，并不是说只要品种新就是新优苗木。由此看来，苗圃在选定生产新品种时，应事先做好试种观察和市场分析。下面介绍一下部分新优苗木品种（见附表 4）。

附表 4　部分新优苗木品种介绍

| 类别 | 苗木名称 | 品种特性 |
|---|---|---|
| 落叶乔木 | 金边北美鹅掌楸 | 为北美鹅掌楸的栽培品种，叶色金黄。适应性较强，生长快速，长势旺盛。在北京以南地区生长良好 |
| | 多花蓝果树 | 落叶乔木，叶片浓密茂盛，秋叶由黄色变橘黄再变红色。喜潮湿肥沃、排水良好的酸性土壤。可在辽宁以南至南岭以北的区域栽培。是优良的观赏绿化和行道树种 |
| | 珙　桐 | 落叶乔木，花形似鸽子展翅，被世界誉为“中国鸽子树”。常植于池畔、溪旁，具有和平的象征意义 |
| | 毛红椿 | 树姿优美，生长迅速，具有很高的观赏价值，适宜于公园、风景区等作行道树或庭园树 |

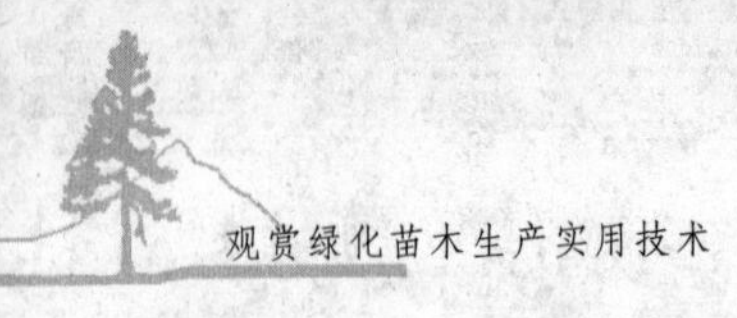


续表

| 类别 | 苗木名称 | 品种特性 |
| --- | --- | --- |
| 常绿乔木 | 冬青属系列品种 | 枝叶繁茂，入秋红果累累，经冬不落，叶形、叶色各异。是优良的庭园观赏树种 |
| | 交让木 | 常绿乔木，叶簇生于枝顶，叶柄红色，树形优美 |
| | 黄心夜合 | 树干通直，树冠塔形，树姿秀丽葱郁，花大而具芳香。适宜作庭园树、行道树 |
| | 中山杉 | 是落羽杉属种间杂交种优良无性系的总称。生长快速，耐盐碱、耐水性强。可作湿地景观树种 |
| | 弗吉尼亚栎 | 从美国引进的常绿乔木。幼年生长缓慢，抗风，耐盐碱。适宜在江苏、浙江等地用作沿海防护林和城市园林树种 |
| | 桂花系列品种 | 目前已知桂花品种150多个，有花期长、香气浓、花量多、花色艳等优良珍稀品种，并有一季多次开花的金桂、银桂。是园林及庭园中栽培的珍品 |
| | 东方杉 | 是墨西哥落羽杉和柳杉的杂交后代，为常绿或半常绿的高大乔木。耐水湿，耐盐碱，可在上海及江苏、湖北等地种植。可用于江河堤岸、园林景观及厂区绿化和沿海防护林栽培 |
| 灌木 | 红叶石楠系列品种 | 小乔木，但常作灌木状栽培。从美国、新西兰等国引进，春叶和秋叶均红色光亮，极耐修剪，是目前国外最流行的品种 |
| | 八仙花系列品种 | 为虎耳草科、八仙花属植物。八仙花洁白丰满，品种丰富多样，是常见的观赏花木。宜栽培于建筑物旁、池畔林下，花团锦簇，叶绿花红，十分雅致 |
| | 金叶波缘冬青 | 从日本引进。叶与植株均较小，叶色大部分为金黄色。较耐寒。可作为色块或地被植物培养 |
| | 海滨木槿 | 花色金黄，鲜艳美丽，花期长，秋叶红色艳丽，既是优良的庭园绿化树种，也是良好的防风、固沙、固堤、防潮树种，可作海岸防护林 |

续表

| 类别 | 苗木名称 | 品种特性 |
|---|---|---|
| 灌木 | 紫叶矮樱 | 树形紧凑，春季新生叶紫色，秋季变为深紫红色，色泽亮丽，叶片稠密，是世界著名的色叶树种。耐寒，在我国辽宁、吉林等南部小气候条件好的建筑物前避风处可安全越冬 |
| | 锦带花 | 枝长花茂，灿如锦带。可植于庭园角隅、公园湖畔，也可在林缘、树丛边植作自然式花篱、花丛，点缀在山石旁 |
| | 金叶大花六道木 | 耐热，耐寒。花色粉白且繁多，花期长达半年之久，花谢后，粉红色萼片宿存直至冬季，十分美丽。是优良的夏、秋季观花、观叶灌木 |
| | 披针叶茴香 | 树态优美，枝叶浓密，花色美丽。可配植于园林水边 |
| | 棣　棠 | 花色艳丽，花期长，枝叶翠绿、细柔。宜丛植于水畔、坡边、树丛外缘及古木、假山旁边 |
| 蔓性灌木 | 斑叶扶芳藤 | 为小叶扶芳藤的园艺品种之一。常绿匍匐灌木，易生不定根。叶对生，叶缘白色或粉红色。彩叶藤本，观赏性强。可攀附于假山、岩石或盆栽垂挂，也可作观赏地被 |
| | 花叶络石 | 为络石的栽培品种，常绿蔓性灌木，茎枝纤细，叶缘有镶有金边的银白色斑纹，色彩亮丽。为观叶、观花藤本，宜配植于假山、河边，或用于立交桥和花坛边缘的垂直绿化，也可作室内盆栽与观赏地被 |
| | 荷花蔷薇 | 为多花蔷薇的栽培品种。落叶蔓性灌木，茎细长。花重瓣，粉红色，形似荷花，花团锦簇，红果艳丽。园林中可植为花架、花篱、绿廊，也可植于庭园墙旁、立交桥挂箱内，任其攀缘或悬垂，是观花、观果俱佳的垂直绿化材料 |

（吴光洪　杭州园林绿化工程公司高级工程师
胡亚芬　杭州市林木种苗管理中心工程师
胡绍庆　杭州植物园高级工程师
孙晓萍　杭州市绿化管理站高级工程师）